PKPM系列软件应用指南丛书

多层及高层结构CAD软件高级应用

陈岱林 李云贵 魏文郎 主编

中国建筑工业出版社

图书在版编目(CIP)数据

多层及高层结构CAD软件高级应用/陈岱林等主编. 北京：中国建筑工业出版社，2004
(PKPM系列软件应用指南丛书)
ISBN 978-7-112-06823-4

Ⅰ. 多… Ⅱ. 陈… Ⅲ. ①多层结构—结构设计：计算机辅助设计—应用软件—高等学校—教材②高层结构—结构设计:计算机辅助设计—应用软件—高等学校—教材 Ⅳ. TU399—39

中国版本图书馆CIP数据核字(2004)第099356号

PKPM系列软件应用指南丛书
多层及高层结构CAD软件高级应用
陈岱林 李云贵 魏文郎 主编

*

中国建筑工业出版社出版、发行(北京西郊百万庄)
各地新华书店、建筑书店经销
北京市彩桥印刷有限责任公司印刷

*

开本：850×1168毫米 1/32 印张：5¼ 字数：140千字
2004年10月第一版 2008年12月第六次印刷
印数：22 501—24 000册 定价：**20.00**元
ISBN 978-7-112-06823-4
(12777)

本书针对PKPM系统2002新规范版多层及高层CAD软件一年多工程应用中用户普遍关心和遇到的共性问题，分为12个专题，重点讲解执行某些新规范条文必须满足的相关条件，各类输入参数的合理取值，运行软件正确的操作步骤，计算结果解读和软件应用注意事项。书中讲述的12个专题为：建筑结构分析中楼板刚度的合理假定，结构计算振型数，结构薄弱层的概念和控制，上部结构与地下室共同工作分析及地下室设计，剪力墙及其边缘构件的设计，短肢剪力墙结构设计，带转换层高层结构的分析，多塔楼、错层及设缝结构的分析，多高层结构的弹塑性分析，非荷载作用，带吊车荷载作用的结构设计，多层及高层钢结构分析。

本书适用于PKPM用户，结构设计、科研和审图人员阅读参考，也可作为高等院校土木工程专业师生的参考书。

* * *

责任编辑：咸大庆　王　梅
责任设计：孙　梅
责任校对：李志瑛　王金珠

《多层及高层结构 CAD 软件高级应用》
编委会名单

前言

2002年，伴随《建筑结构荷载规范》(GB 50009—2001)、《混凝土结构设计规范》(GB 50010—2002)、《建筑抗震设计规范》(GB 50011—2001)、《高层建筑混凝土结构技术规程》(JGJ 3—2002)的颁布实施，PKPM系统的三维多高层设计软件SATWE、TAT和PMSAP全面升级为新规范版。一年多来，新规范版多高层设计软件在设计单位得到了广泛应用，辅助设计人员完成了大量实际工程。丰富的工程实践不但检验了软件结构分析的精确性，也检验了软件实现新规范的正确性。

为了全面、正确理解新规范软件，提升用户软件应用水平，中国建筑科学研究院建筑工程软件研究所于2004年举办了数期PKPM结构设计软件高级研讨班，由程序开发人员在总结软件应用实践的基础上就以下12个多高层结构设计专题讲解软件的解决方案：

1. 建筑结构分析中楼板刚度的合理假定
2. 结构计算振型数
3. 结构薄弱层的概念和控制
4. 上部结构与地下室共同工作分析及地下室设计
5. 剪力墙及其边缘构件的设计
6. 短肢剪力墙结构设计
7. 带转换层高层结构的分析
8. 多塔楼、错层及设缝结构的分析

9. 多高层结构的弹塑性分析

10. 非荷载作用

11. 带吊车荷载作用的结构设计

12. 多层及高层钢结构分析

本书是在研讨班专题讲义的基础上扩充、整理而成的。

因作者水平所限，书中难免有疏漏和不足之处，欢迎读者随时将发现的问题函告我们。

目 录

第1章　建筑结构分析中楼板刚度的合理假定

1.1　概　　述

当今的结构体系日趋多样化，出现了各种形式的多塔、错层、带转换层、板柱、楼板局部开大洞的结构类型，其平立面布置也越来越复杂，特别是北京申奥和上海申博的成功，使复杂的体育场馆越来越多。在这些复杂结构设计中，楼板刚度的合理简化已成为决定分析效率、精度乃至可靠性的一个重要因素。

对楼板刚度考虑方式以及考虑程度的不同，一方面，会在提高计算精度的同时带来因自由度的增多而使计算量大幅度地增加，导致计算效率降低；另一方面，有时也可能影响一些构件的设计结果，如出现钢筋混凝土梁的配筋减小等。在普遍采用CAD软件进行设计计算的今天，如何适当、合理地考虑楼板的刚度影响，是广大设计人员关注的重要问题之一。

为解决上述问题，我们在SATWE、TAT和PMSAP软件中实现了四种楼板简化假定：刚性楼板、弹性楼板6、弹性楼板3和弹性膜的计算模式。在使用中用户可根据工程实际情况，灵活应用。对于同一个工程，可整体采用一种假定，也可采用几种不同的假定，追求的目标是精度、效率和分析结果实用性以及可靠性的最优组合。

不同楼板简化假定除影响整体结构的计算结果外，也影响楼板本身的计算结果。但是因为PMCAD的楼板计算模块和复杂楼板有限元分析程序SLABCAD都不用SATWE、TAT或PMSAP的楼板计算结果，其楼板设计与采用那种楼板简化假定无关。而PMSAP因其自身具有楼板配筋设计功能，所以其楼板设计结果与楼板简化假定有关。

1.2 楼板刚度的各种假定

1.2.1 楼板的特点

在建筑结构中，楼板主要承受竖向荷载作用。由于楼板既有平面内刚度，又有平面外刚度，在水平力作用下，楼板对结构的整体刚度、竖向构件和水平构件的内力又有一定影响。

从理论上讲，楼板可以采用平面板元或壳元来模拟。对于普通的楼板，一般来说其厚度不大，其变形满足直法线假定，平面内刚度和面外刚度相互独立，可以分别采用平面应力膜单元和板弯曲单元计算，然后进行应力叠加；若楼板厚度较大，如厚板转换层结构中的楼板，其变形不符合直法线假定，平面内刚度和面外刚度相关，这时就应采用中厚板单元或厚板单元模拟楼板。

1.2.2 有关规定

在构件内力分析和截面设计计算中，要尽可能按照结构的真实情况、特别应适当考虑楼板的具体特点进行结构分析，确保分析结果的精度。《建筑抗震设计规范》（GB 500011—2001）（以下简称《抗震规范》）第3.4.3条第1款的第2项规定，凸凹不规则或楼板局部不连续时，应采用符合楼板平面内实际刚度变化的计算模型，当平面不对称时，尚应计及扭转影响。

《高层建筑混凝土结构技术规程》（JGJ 3—2002）（以下简称

《高规》)第 4.3.6 条规定，当楼板平面比较狭长、有较大的凹入和开洞而使楼板有较大削弱时，应在设计中考虑楼板削弱产生的不利影响。《高规》第 5.1.5 条也规定，进行高层建筑内力与位移计算时，可假定楼板在其自身平面内为无限刚性，相应地，应采取必要措施保证楼板平面内的整体刚度。当楼板会产生明显的面内变形时，计算时应考虑楼板的面内变形或对采用楼板面内无限刚性假定计算方法的计算结果进行适当调整。

1.2.3 刚性楼板假定

对于刚性楼板假定，我们大家都非常熟悉，而且在工程设计计算中也经常采用。刚性楼板假定实际上是建筑结构工程领域的一个特殊概念。其含义是假定楼板平面内刚度无限大，平面外刚度为零。

在采用楼板平面内无限刚假定时，每块刚性楼板有三个公共自由度(u、v、θ_z)，那么刚性楼板内每个节点的独立自由度只剩下 3 个(θ_x、θ_y、w)了。这样极大地减少了结构整体自由度数，结构分析工作得到很大程度的简化，从而提高了工作效率。这一优点正是刚性楼板假定能够被广泛接受的重要原因，尤其使得在过去计算机硬件资源有限(内存和硬盘存储容量都不大)的情况下，进行大型结构(高层、超高层)工程的分析成为可能。

在采用刚性楼板假定时，忽略了楼板的平面外刚度，使结构总刚度偏小。实际上，楼板的面外刚度在某种意义上来讲可以理解为楼面梁的有效翼缘，为此，规范给出了用近似以梁刚度放大系数形式来间接地考虑楼板的面外刚度。《高规》第 5.2.2 条规定，在结构内力与位移计算中，现浇楼面和装配整体式楼面中梁的刚度可考虑翼缘的作用予以增大。楼面梁刚度增大系数可根据翼缘情况取 1.3～2.0。对于无现浇面层的装配式结构，可不考虑楼面翼缘的作用。

由于梁有中梁和边梁之分且要考虑楼板开洞及楼板弹性变形等因素，所以应该区分梁的放置部位不同而给予不同的刚度放大系数。SATWE 软件已有自动搜索功能，可自动判断梁与楼板的连接关系，并给出相应的刚度放大系数。对于两侧都与刚性楼板相连的梁，取中梁的刚度放大系数；仅有一侧与刚性楼板相连的梁，取边梁的刚度放大系数；对于其他情况的梁(包括不与楼板相连的独立梁和仅与弹性楼板 6 和弹性楼板 3 相连的梁)，梁刚度不放大。

虽然刚性楼板假定的分析效率高，但适用范围有限，仅适用于楼板形状比较规则的普通工程。对于复杂楼板形状的结构工程，如楼板有效宽度较窄的环形楼面或其他有大开洞楼面、有狭长外伸段楼面、局部变窄产生薄弱连接的楼面、连体结构的狭长连接体楼面等场合，楼板面内刚度有较大削弱且不均匀，楼板的面内变形会使楼层内抗侧刚度较小的构件的位移和内力加大，或特殊楼板体系，如板柱体系、厚板转换层结构等，采用刚性楼板假定的分析是不合适的，其计算结果的可靠性无法保证。实际上，目前设计建造的绝大多数工程都属于楼板形状比较规则的普通工程，都可以采用刚性楼板假定来分析。楼板形状不规则或楼板特殊的工程所占比例不大，不能简单地采用刚性楼板假定而应采用下面介绍的相关假定来分析。

1.2.4 弹性楼板 6

弹性楼板 6 假定是采用壳单元真实地计算楼板的面内刚度和面外刚度。从理论上讲，弹性楼板 6 假定是最符合楼板的实际情况，可以应用于任何工程。但实际上，在采用弹性楼板 6 假定时，部分竖向楼面荷载将通过楼板的面外刚度直接传递给竖向构件，导致梁的弯矩减小，相应的配筋也会减小。这与采用刚性楼板假定不同，因为采用刚性楼板假定时，所有的竖向楼面荷载都通过梁传递给竖向构件。这点差异会造成采用弹性楼板6假定和采用刚性楼板假定的梁配筋安全储备不同，而过去所有关于梁的工程经验都是与刚性楼板假定前提下配筋安全储备相对应的。

鉴于这一点，我们建议不要轻易采用弹性楼板6假定。在我们的程序中，弹性楼板6假定是针对板柱结构和板柱-抗震墙结构提出的。

对于柱网规则的板柱结构或板柱-抗震墙结构，可以采用传统的等代框架法进行分析和设计。但对于复杂的板柱结构或板柱-抗震墙结构，等代框架法难以应用，因为在哪里布置等代梁、等代梁截面取多宽等都不易确定。对于这类结构，采用弹性楼板6假定是比较合适的，既可以较真实地模拟楼板的刚度和变形，又不存在梁配筋安全储备减小的问题。

采用弹性楼板6假定进行板柱结构或板柱-抗震墙结构分析时，首先要求在PMCAD交互式建模时，在假定的等代梁位置上，布置截面尺寸为100mm×100mm的矩形截面混凝土虚梁；其次要在SATWE的"特殊构件补充定义"菜单中把楼板定义成"弹性楼板6"。这里布置虚梁的目的有两点，其一是为了在接PMCAD前处理过程中SATWE软件能够自动读到楼板的外边界信息，其二是为了辅助弹性楼板单元的划分。在结构分析中，混凝土虚梁无自重、无刚度。

1.2.5 弹性楼板3

弹性楼板3假定是针对厚板转换层结构的转换厚板提出的。在厚板转换层结构中，转换板的厚度一般都在1m以上，有些工程板厚超过2m。这些厚板一般形状比较规则，而且不开大洞，其面内刚度都很大，其面外刚度是这类结构传力的关键。通过厚板的面外刚度，改变传力路径，将厚板以上部分结构承受的荷载安全地传递下去。

弹性楼板 3 是假定楼板平面内无限刚而平面外刚度是真实的。程序采用中厚板弯曲单元计算楼板平面外刚度。这一假定与厚板转换层结构的转换厚板特性是一致的。

当板柱结构的板的面内刚度足够大时，也可采用弹性楼板 3 来计算。

在采用 SATWE 软件进行厚板转换层结构分析时，在 PMCAD 的交互式建模中，与板-柱结构的输入要求一样，也要布置 100mm×100mm 的虚梁。要充分利用本层柱网和上层柱、墙节点(网格)来布置虚梁，并在 SATWE“特殊构件补充定义”菜单中把楼板定义成“弹性楼板 3”。此外，层高的输入有所改变，将厚板的板厚均分给与其相临的上下两层，厚板下层层高为该层净空加厚板的一半厚度。

1.2.6 弹性膜

对于空旷的工业厂房和体育场馆结构、楼板局部开大洞结构、楼板平面较长或有较大凹入以及平面弱连接结构等，楼板面内刚度有较大削弱。在进行这类结构分析时，不能简单地采用刚性楼板假定，而应考虑楼板面内刚度削弱的影响，但又不能直接采用弹性楼板 6 假定，因为采用弹性楼板 6 假定会影响梁配筋的安全储备。为了能够真实地反映楼板平面内刚度，同时又不影响梁配筋的安全储备，我们在程序中提供了“弹性膜”假定。

所谓的弹性膜假定是采用平面应力膜单元真实地计算楼板的平面内刚度，同时忽略楼板的平面外刚度，即假定楼板平面外刚度为零。

在采用 SATWE 软件进行上述楼板假定分析时应注意两点：

一是在 PMCAD 交互式建模时，一定要真实输入楼板厚度。对于没有楼板的房间，可以定义板厚为零或可定义全房间开洞。在刚度计算上这两种定义是等价的，但在导荷计算中二者是有区别的。板厚为零的房间可以布置均布面荷载，而全房间开洞的房间视为没有均布面荷载。

二是采用弹性楼板6、弹性楼板3和弹性膜假定的楼板均称弹性楼板。弹性楼板可以定义在整层楼板上，也可以仅在需要的局部区域上。通过定义局部区域上弹性板带可把整层楼板分隔成几块刚性楼板，这种定义方式比前者分析效率高。

1.2.7 弹性楼板单元

在SATWE软件中，弹性楼板是用弹性楼板单元来描述的，其单元类型有弹性楼板6、弹性楼板3和弹性膜等三种。用户可把在PMCAD交互式数据输入中的一个房间的楼板指定为一个弹性楼板单元。这种单元的节点数不限，其形状也不限，可以是凸多边形，也可以是凹多边形。弹性楼板单元的引入，简化了弹性楼板的几何描述，并为弹性楼板单元的自动剖分奠定了基础。

SATWE软件在PMCAD交互式数据输入形成的建筑模型数据基础上，给出了弹性楼板单元自动剖分功能模块。目前的弹性楼板单元是比较初级的，在不增加房间边界节点的情况下实现楼板形状的剖分一分割成四边形和三角形，还没有达到墙元剖分的程度。在弹性楼板单元的自动剖分过程中，进行了单元形状优化，以矩形单元最优，无奇异角度的四边形次之，再其次是三角形单元。

1.3 结束语

在建筑结构分析中，楼板刚度的合理考虑是一个重要因素，它不仅影响结构的分析效率，更重要的是直接决定了分析结果的精度、可靠性和实用价值。

SATWE软件从工程实用角度出发，对楼板给出了多种简化假定。用户在使用中可根据工程实际需求，灵活应用。对于同一个工程，可综合采用几种不同的假定，以达到既准确又实用的目的。

在 SATWE 软件提供的几种弹性楼板假定中，弹性楼板 6 适用于板柱结构和板柱-抗震墙结构，弹性楼板 3 适用于厚板转换层结构，弹性膜适用于空旷的工业厂房和体育场馆结构、楼板局部开大洞结构、楼板平面较长或有较大凹入以及平面弱连接结构。对于量大面广的普通工程，其楼板一般都不特殊，都可以简单地采用刚性楼板假定。

在工程应用中，需要了解结构的特点，采用相应的假定。若采用的假定不恰当，不仅可能使分析结果误差过大，而且还可能影响梁配筋的安全储备，甚至使分析结果的可靠性得不到保证。

第2章 结构计算振型数

采用振型分解反应谱法进行结构地震反应分析，计算振型数的选取直接影响程序的计算效率和计算精度。为了确保不丧失高振型的影响，程序要求用户输入较多的结构计算振型数，从而保证结构的抗震安全性。为了正确选取结构计算振型数，本章将概括介绍结构计算振型数与结构动力自由度数的关系、结构计算振型数对结构抗震设计的影响，并且引入振型参与质量的概念，提出正确选取结构计算振型数的方法和程序操作步骤，最后用一个工程实例说明结构计算振型数选取不足将导致抗震设计不安全。

2.1 规范、规程相关规定

《抗震规范》第5.2.2条规定抗震计算时，不进行扭转耦联计算的结构，水平地震作用标准值的效应，可只取前2～3个振型，当基本自振周期大于1.5s或房屋高宽比大于5时，振型个数应适当增加。其条文说明中还指出为使高柔建筑的分析精度有所改进，其组合的振型个数适当增加。振型个数一般可以取振型参与质量达到总质量的90%所需的振型数。《高规》第5.1.13条2款规定，抗震计算时，宜考虑平扭耦联计算结构的扭转效应，振型数不应小于15，对多塔结构的振型数不应小于塔楼数的9倍，且计算振型数应使振型参与质量不小于总质量的90%。

2.2 结构动力自由度数

用振型分解反应谱法分析计算地震作用时，要用到结构的自振周期和振型。从工程实用和运行效率出发，振型分析计算提供了两种结构计算方法—侧刚计算方法和总刚计算方法，分别对应侧刚模型和总刚模型，各自有不同的结构动力自由度数。这里所称的“结构动力自由度数”是指结构振型分析中有质量的自由度，是与由结构每个节点 6 个自由度集合而成的结构自由度有区别的。同样本节所称的“侧向刚度矩阵”和“总体刚度矩阵”都是专指结构振型分析的，其自由度均为结构动力自由度。

2.2.1 侧刚模型

这是一种采用刚性楼板假定的简化的刚度矩阵模型，即把房屋理想化为空间梁、柱和墙组合成的集合体，并在平面内无限刚的楼板上互相连接在一起。不管用户在建模中有无弹性楼板、刚性楼板或越层大空间，对于无塔结构的侧刚模型假定每层为一块刚性楼板，而多塔结构则假定一塔一层为一块刚性楼板。每块刚性楼板的动力自由度具有两个独立的水平平动自由度和一个独立的转动自由度。侧向刚度矩阵就是建立在这些结构动力自由度上的，可通过结构总体模型的刚度矩阵凝聚而成。侧刚模型进行振型分析时结构动力自由度数相对较少，计算耗时少，分析效率高，但应用范围有限制。

对于 n 层无塔的结构，侧刚模型的结构动力自由度数为 $3\times n$ 个。例如，某个 10 层无塔结构，其结构动力自由度数为 30 个。

对于有塔结构侧刚模型的结构动力自由度的计算会复杂些。首先要确定独立层的数目 M，即独立的刚性楼板数，其结构动力自由度数为 $3\times M$ 个。例如某个 30 层多塔结构，共有 3 塔。第 1

塔层数为1～30，第2塔层数为6～25(第1～5层与其他塔相连)，第3塔层数为3～28(第1～3层与其他塔相连)，则独立层的数目$M=30+(25-6+1)+(28-3+1)=76$，结构动力自由度数为$3\times76=228$个。

2.2.2 总刚模型

这是一种真实的结构模型转化成的刚度矩阵模型。结构总刚模型假定每层非刚性楼板上的每个节点(有构件相连的)的动力自由度有两个独立水平平动自由度，可以受弹性楼板的约束，也可以完全独立不与任何楼板相连，而在刚性楼板上的所有节点的动力自由度只有两个独立水平平动自由度和一个独立的转动自由度。总体刚度矩阵就是建立在这些结构动力自由度上的，可通过结构总体模型的刚度矩阵凝聚而成。总刚模型进行振型分析时能真实模拟具有弹性楼板、大开洞的错层、连体、空旷的工业厂房、体育馆等结构，可以正确求得结构每层每个构件的空间自振形态，但自由度数相对较多，计算耗时多且存储开销大。

对于n层无刚性楼板的结构，每层节点数分别为m_i，则总刚模型的结构动力自由度数为$\sum_{i=1}^{n}2m_i$个。例如某个无刚性楼板的10层结构，每层节点数都为30个，则总刚模型结构动力自由度数为$10\times2\times30=600$个。

对于n层有刚性楼板的结构，每层独立于刚性楼板的节点数分别为m_i，每层刚性楼板数分别为k_i，则总刚模型的结构动力自由度数为$\sum_{i=1}^{n}(2m_i+3k_i)$个。例如某个有刚性楼板的10层结构，每层独立于刚性楼板的节点数都为20个，每层均有10个节点在1块刚性楼板上，则总刚模型结构动力自由度数为$10\times(2\times20+3\times1)=430$个。

2.3 结构计算振型数

结构计算振型数是指在程序前处理“地震信息”中输入的“计算振型个数”参数，是需要用户自行输入的。用户选取的结构计算振型数的最大值是第 2.2 节所述的结构动力自由度数。

2.3.1 地震作用和作用效应

用振型分解反应谱法计算地震作用和作用效应时，不考虑扭转耦联计算的结构每个振型 j 在 i 质点都有水平地震作用标准值 F_{ji}，水平地震作用效应按平方和开平方法 SRSS 加以组合 $S_{\mathrm{Ek}}=\sqrt{\sum_{j=1}^{m}S_j^2}$，其中 m 为结构计算振型数。同样考虑扭转耦联计算的结构每个振型 j 振型在 i 层也都有水平地震作用标准值 F_{xji}、F_{yji}、F_{tji}，水平地震作用的扭转效应按完全二次型组合法 CQC 加以组合 $S_{\mathrm{Ek}}=\sqrt{\sum_{j=1}^{m}\sum_{k=1}^{m}\rho_{jk}S_jS_k}$，其中 m 为结构计算振型数。

2.3.2 选取足够的结构振型数

由 2.3.1 节可见结构计算振型数增加，水平地震作用效应增大，就是说内力和变形应增大。按理说，以结构刚度矩阵自由度的总个数作为结构计算振型数可完全包含振型分解反映谱法给出的全部地震作用效应，其设计是最真实和安全的。但对于一个大型结构工程，计算结构的所有振型、水平地震作用标准值以及进行水平地震作用效应组合所需计算机运行时间和存储开销实在太长，以致于往往无法实现。究竟是否有必要计算出所有的振型并使其参与地震作用效应组合呢？不必要。因为最后的那些高振型对结构地震作用贡献很小，只要计算足够的振型数就够了。因此，如何选取足够的结构振型数成为计算的一个关键问题。

2.3.3 振型参与质量

《抗震规范》和《高规》提出了“振型参与质量”的概念和应用原则。此概念最早出现于 WILSON E. L. 教授的 ETABS 程序中。他指出在层刚性楼板假定下，当累计的 x、y 和 θ_z 的振型有效质量都大于 90%时，这时所取的振型数就是足够的振型数。

现在程序提供的方法是一种适用于刚性楼板和弹性楼板的通用方法，用于计算各地震方向的有效质量系数。用户可以在输出结果中查到计算各地震方向的有效质量系数，保证有效质量系数超过 0.9。超过 0.9 意味着计算振型数够了；否则，计算振型数不够。如果不够，说明后续振型产生的地震作用效应不能忽略。如果不能保证这点，将导致地震作用偏小。按此地震作用设计的结构将存在不安全性，所以应该增加振型数重算。

2.3.4 选取原则

- 规范、规程给出的选取振型的具体个数，如前 2～3 个振型、振型数不应小于 15、对多塔结构的振型数不应小于塔楼数的 9 倍等，均是一种粗略估计取法。对于有弹性楼板、大开洞的错层、连体、空旷的工业厂房以及体育馆等结构，若按此下限选取振型数则会造成地震作用明显不足；
- 规范、规程规定的振型参与质量的判断法是一个严格的、通用的、计算机才能实现的方法。不论任何结构类型，用户应保证各地震方向的振型参与质量都超过总质量的 90%作为选取足够的结构计算振型数的惟一判断条件。

2.3.5 程序操作步骤

① 设置计算振型数

• SATWE

进入菜单 1. 接 PM 生成 SATWE 数据→1. 分析与设计参数补充定义→地震信息，在计算振型数项内填入振型数。

• TAT

进入菜单 2. 数据检查和图形检查→3. 参数修正→地震信息，在计算振型数项内填入振型数。

• PMSAP

进入菜单 3. 参数补充与修改→地震信息，在参与振型数项内填入振型数。

② 计算。

③ 查看结果文件，看地震工况的“有效质量系数”是否≥90%。

④ 是，计算结果可靠；否，进入①增加计算振型数，重复②到④。

2.3.6 结果说明

用户可以在输出结果中查到计算各地震方向的有效质量系数，判断是否满足判断条件。

① SATWE 可在 WZQ. OUT 文件中查看 x、y 向的有效质量系数。如：

x 方向的有效质量系数：93.24%；

y 方向的有效质量系数：93.07%。

② TAT 可在 TAT-4. OUT 文件中查看 x、y 向的有效质量系数。如：

x 向地震有效质量系数：Cmass－x＝97.98%；

y 向地震有效质量系数：Cmass－y＝98.00%。

③ PMSAP 可在工程名 _ TB. RPT(简单摘要)文件中查看 x、y 向的有效质量系数。如：

地震方向 1　有效质量系数＝92.44%；

地震方向 2　有效质量系数＝93.32%。

2.4　工程实例计算分析

某结构工程，8 层，有弹性楼板和大空旷无楼板层，如图 2-1 所示。抗震设防烈度为 7 度(0.10g)，场地类别属于二类。应用总刚模型采用振型分解反应谱法计算地震作用。在 x 向地震作用下，结构应满足的楼层最小剪重比为 0.016。下图是用 SpaSCAD 显示的实体模型。

图 2-1　某工程实体模型图

在分析过程中，分别取结构计算振型数 15、45 和 80 做了三次计算。结构 x 向地震作用计算结果见表 2-1。

不同振型数的有效质量系数、基底剪力、剪重比对照表　　表 2-1

振　型　数	15	45	80
有效质量系数 %	49.81	93.23	95.36
基底剪力(kN)	10360.14	30177.50	30298.29
剪重比 %	0.90	2.63	2.64
基底剪力/45 个振型的基底剪力(%)	34.33	100.00	100.40
基底剪力/最小剪重比基底剪力(%)	56.25	163.85	164.50

从表 2-1 的数据分析可见：

① 当结构振型数取为 15 个时，因为有效质量系数(规范称为参与质量)为 49.81%，不足 90%。同时底层剪重比只有 0.009，也远小于楼层最小剪重比。所以此结构选取 15 个结构振型数是不够的，也可说对某些结构振型数取少了，会得出不满足楼层最小剪重比的错误结论。

② 当结构振型数取为 45 个时，有效质量系数(规范称为参与质量)为 93.23%，超过 90%，并且基底剪力比取 15 振型数时明显增大，达到 30177.50kN，底层剪重比达到 0.0263，满足楼层最小剪重比的要求。

③ 当结构振型数取为 80 个时，比取 45 个多了不少，但基底剪力增加不多。基底剪力只增加了 30298.29 − 30177.50 = 120.79kN，仅提高 0.4%。可见有效质量系数达到 90%时，可以放弃其后的高振型影响。

满足结构最小剪重比 0.016 的 x 向地震作用基底剪力为 10360.14/0.9×1.6=18418.03kN，比取 15 个振型数的基底剪力大，比取 45 个振型数的基底剪力小。所以说剪重比不满足时，首先应检查有效质量系数是否达到 90%。

表 2-2 详细地给出了振型数取为 15、45 和 80 时每层 x 向地震作用的楼层剪力和剪重比。从中我们可以发现选取不同结构振型数对地震作用的影响，从而说明 2.3.4 节“选取原则”的可用性。

不同振型数的每层剪力和剪重比对照表　　表 2-2

不同振型数的层剪力、剪重比 / 楼层号	剪力 V_x(kN)			剪重比%		
	15	45	80	15	45	80
8	325.77	557.34	550.38	4.51	7.72	7.63
7	3094.99	3388.65	3390.34	3.81	4.18	4.18

续表

不同振型数的层剪力、剪重比 / 楼层号	剪力 V_x(kN)			剪重比%		
	15	45	80	15	45	80
6	4140.57	4780.83	4782.92	3.13	3.61	3.62
5	8889.47	9697.71	9706.65	2.00	2.19	2.19
4	9402.32	9899.53	9901.79	1.97	2.07	2.07
3	9781.96	9836.74	9838.08	1.91	1.92	1.92
2	10016.80	10341.91	10348.76	1.83	1.89	1.89
1	10360.14	30177.50	30298.29	0.90	2.63	2.64

第3章　结构薄弱层的概念和控制

《建筑抗震设计规范》和《高层建筑混凝土结构技术规程》中的薄弱层概念具有两个内涵：一个用于弹性分析时竖向不规则结构的判定，另一个用于在罕遇地震作用下结构的弹塑性变形验算。

(1) 竖向不规则结构的判定

当结构某一楼层符合下列条件之一时，该层为薄弱层：

1) 楼层侧向刚度小于其上一层的70%或小于其上相邻三层侧向刚度平均值的80%；

2) 层间受剪承载力小于其上一层的80%；

3) 竖向抗侧力构件不连续。

当结构有一个或多个薄弱层出现时，该结构即可判断为竖向不规则结构。对于竖向不规则结构，由弹性分析求得的薄弱层地震剪力应乘以1.15的增大系数。

(2) 结构弹塑性变形验算

《抗震规范》规定，对一些结构除了弹性分析外，还要进行罕遇地震下的弹塑性变形验算。在需要验算弹塑性变形的结构中，既有竖向不规则结构也有竖向规则结构。弹塑性变形验算主要是找出结构在弹塑性状态下的薄弱层(部位)，然后看其层间位移角是否满足规范要求。弹塑性变形验算的结构薄弱层(部位)是一个相对概念，与竖向不规则结构中的薄弱层无必然联系。竖向不规则结构中的薄弱层不一定是弹塑性变形验算时的结构薄弱层(部位)。竖向规则结构在弹性计算时没有薄弱层，但在弹塑性变形验算时却可能会出现薄弱层(部位)。

本章先讲述竖向不规则结构弹性分析薄弱层的判断及薄弱层地震剪力的调整，然后介绍用于不超过 12 层且层刚度无突变的钢筋混凝土框架结构弹塑性变形验算的简化计算方法。

3.1 结构层侧向刚度沿竖向突变产生的薄弱层

3.1.1 规范条文

《抗震规范》第 3.4.2 条、《高规》第 5.1.14 条规定，抗震设计的高层建筑结构，某楼层侧向刚度小于其上一层的 70%或小于其上相邻三层侧向刚度平均值的 80%，则该层属侧向刚度不规则类型的薄弱层；其薄弱层对应于地震作用标准值的地震剪力应乘以 1.15 的增大系数。

3.1.2 软件实现

结构侧向刚度不规则类型的薄弱层判断、地下室顶板是否能作为嵌固端、转换层上、下结构刚度是否满足要求等，都以层刚度作为依据。针对不同用途的刚度，《抗震规范》和《高规》建议有三种计算方法：

方法 1：《高规》附录 E.0.1 建议的方法——剪切刚度：$K_i=G_iA_i/h_i$

方法 2：《高规》附录 E.0.2 建议的方法——剪弯刚度：$K_i=V_i/\Delta_i$

方法 3：《抗震规范》第 3.4.2 和第 3.4.3 条文说明及《高规》建议的方法——地震层间剪力与地震层间位移的比：$K_i=Q_i/\Delta_i$

软件实现了以上三种层刚度计算方法，隐含方法是第 3 种，即地震层间剪力与层间位移之比(图 3-1)。

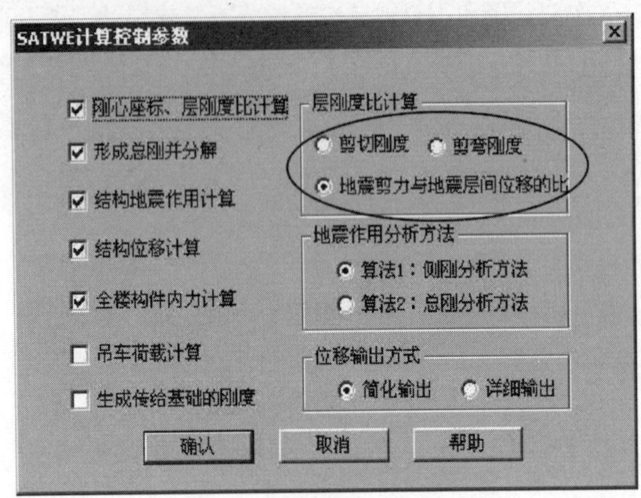

图 3-1　层刚度计算方法选择

用于判别薄弱层的层刚度计算的详细说明：

(1) 程序按用户选择的层刚度比计算方法，计算层刚度，并与相邻层刚度值进行比较。当发现楼层属于侧向刚度不规则的薄弱层，则在 WMASS. OUT 文件中报告相关信息。若用户确认过对薄弱层需增大地震剪力，则程序自动执行对该层地震剪力增大，即对该层地震作用标准值的地震剪力乘以 1.15 的增大系数。

(2) 程序设有“指定薄弱层”项，以便用户指定某些薄弱层。

(3) 这三种计算方法的结果有差异是正常的，应根据不同计算目的来选择。

(4) 对于大多数一般的结构应选择第 3 种层刚度算法。

(5) 选择第 3 种方法计算层刚度和刚度比控制时，一般要采用“刚性楼板假定”的条件。对于有弹性板或板厚为零的工程，应计算两次。在刚性楼板假定条件下计算层刚度并找出薄弱层。再在真实条件下计算，并且检查原找出的薄弱层是否得到确认，然后完成其他计算。

(6) 程序检查刚度比时，分别按结构两个主轴方向 x，y 进行。一旦发现任一方向为侧刚不规则，则该层即为薄弱层，沿 x、y 向地震作用的地震剪力均乘 1.15 增大系数。

3.1.3 操作方法

分为“层刚度比计算方法的设定”和“指定薄弱层”的操作。

SATWE

层刚度比计算方法的设定

进入菜单 2. 结构分析和构件内力计算→SATWE 计算控制参数。

在“层刚度比计算”框中的三个任选项—“剪切刚度”、“剪弯刚度”或“地震剪力与地震层间位移的比”选择即可。

指定薄弱层，此时程序自动判定的薄弱层仍旧调整

进入菜单 1. 接 PM 生成 SATWE 数据→1. 分析与设计参数补充定义→调整信息。

在“指定的薄弱层个数”项内填入要用户设定薄弱层的总层数，再在“各薄弱层层号”项内填入薄弱层的结构层号。

TAT

层刚度比计算方法的设定

进入菜单 3. 结构内力，配筋计算→计算选择。

在“层刚度计算选择”框中的三个任选项—“剪切层刚度”、“剪弯层刚度”或“平均剪力/平均层间位移”选择即可。

指定薄弱层，此时程序自动判定的薄弱层仍旧放大 1.15

进入菜单 2. 数据检查和图形检查→3. 参数修正→调整信息。

在“考虑附加薄弱层地震剪力的人工调整”项内打“√”，此时弹出“折减系数”菜单。

在指定薄弱层的层号行中填入 x 方向、y 方向的薄弱层放大

系数值。注意：程序按填入的放大系数调整，不一定是1.15。

PMSAP

层刚度比计算方法的设定

进入菜单3. 参数补充与修改→设计信息。

在“楼层刚度比计算”框中的三个任选项—“剪切刚度算法”、“剪弯刚度算法”或“地震层间剪力比地震层间位移算法”选择。

指定薄弱层，此时程序自动判定的薄弱层仍旧调整

进入菜单3. 参数补充与修改→计算调整信息。

在“指定的薄弱层个数”项中填入要用户设定薄弱层的总层数，再在“指定的各薄弱层层号”项内填入薄弱层的结构层号。

3.1.4　结果说明

程序逐层输出每一层层刚度比和薄弱层地震剪力放大系数。

SATWE

层刚度比和薄弱层地震剪力放大系数的结果可在WMASS.OUT中查看。如以下所示：

各层刚心、偏心率、相邻层侧移刚度比等计算信息

Ratx，*Raty*：*x*、*y*方向本层塔侧移刚度与下一层相应塔侧移刚度的比值

*Ratx*1，*Raty*1：*x*、*y*方向本层塔侧移刚度与上一层相应塔侧移刚度70%的比值或上三层平均侧移刚度80%的比值中之较小者

RJ_X，RJ_Y，RJ_Z：结构总体坐标系中塔的侧移刚度和扭转刚度

==============================

Floor No：1，Tower No.：1

xstif= 45.7917(m)，ystif=−11.6787(m)，*Alf*=0.0000

(Degree)

xmass = 50.9751(m)，*ymass* = −13.9529(m)，*Gmass* = 1022.9373(t)

Eex=0.4070，*Eey*=0.1706

Ratx=1.0000，*Raty*=1.0000

*Ratx*1=2.1582，*Raty*1=2.3140，薄弱层地震剪力放大系数=1.00

RJ_x=4.7175E+06(kN/m)，RJ_y=4.7783E+06(kN/m)，RJ_z=0.0000E+00(kN/m)

TAT

层刚度比和薄弱层地震剪力放大系数的结果可在 TAT-M.OUT 中查看。如以下所示：

——————————————————————

| 各层附加薄弱层地震剪力的人工调整系数 |

——————————————————————

层号：Nfloor = 4　调整系数：*x* 向 WakeX = 1.00　*y* 向 WakeY=1.00

层号：Nfloor = 3　调整系数：*x* 向 WakeX = 1.00　*y* 向 WakeY=1.00

层号：Nfloor = 2　调整系数：*x* 向 WakeX = 1.15　*y* 向 WakeY=1.15

层号：Nfloor = 1　调整系数：*x* 向 WakeX = 1.00　*y* 向 WakeY=1.00

* *

*　　第四部分　各层层刚度、刚度中心、刚度比　　*

* *

各层(地震平均剪力/平均层间位移)刚度、刚度比等，其中：

Ratio _ d1：表示本层与下一层的层刚度之比

Ratio _ u1：表示本层与上一层的层刚度之比

Ratio _ u3：表示本层与上三层的平均层刚度之比

层号	塔号	x 向层刚度	y 向层刚度	刚心坐标：x、y		x 向偏心率	y 向偏心率
4	1	0.1361E+07	0.1636E+07	51.92	−14.33	0.02	0.11
3	1	0.9378E+06	0.9106E+06	53.00	−13.21	0.05	0.28
2	1	0.1812E+07	0.1663E+07	46.97	−13.43	0.33	0.02
1	1	0.2843E+07	0.2570E+07	47.19	−13.69	0.28	0.00

层号	塔号	Ratio _ d1：x、y		Ratio _ u1：x、y		Ratio _ u3：x、y		薄弱层放大系数：x、y	
4	1	1.45	1.80	1.26	1.32	1.39	1.49	1.00	1.00
3	1	0.52	0.55	0.69	0.56	0.82	0.69	1.15	1.15
2	1	0.64	0.65	1.93	1.83	1.61	1.32	1.15	1.15
1	1	1.00	1.00	1.57	1.55	2.07	1.83	1.00	1.00

PMSAP

层刚度比和薄弱层地震剪力放大系数的结果可在工程名 _ TB. RPT(简单摘要)文件中查看。如以下所示：

7. 楼层刚度比

x 刚度比：本层 x 刚度比下层 x 刚度

y 刚度比：本层 y 刚度比下层 y 刚度

x 刚度比 1：x 方向本层刚度与上层刚度 70％的比值和与上三层平均刚度 80％的比值的较小者

y 刚度比 1：y 方向本层刚度与上层刚度 70％的比值和与上三层平均刚度 80％的比值的较小者

采用的楼层刚度比算法：剪弯刚度算法

x 刚度比 y 刚度比 x 刚度比 1 y 刚度比 1 薄弱层调整系数

楼层：1 刚度比：	1.00	1.00	0.03	0.04	1.15
楼层：2 刚度比：	1.87	1.59	1.43	1.41	1.00
楼层：3 刚度比：	1.00	1.01	9.53	5.37	1.00
楼层：4 刚度比：	0.15	0.25	1.58	1.39	1.00

3.2 结构楼层受剪承载力沿竖向突变和楼层竖向抗侧力构件不连续产生的薄弱层

3.2.1 规范条文

《高规》第 4.4.3、第 5.1.14 条规定，A 级高度高层建筑的楼层层间抗侧力结构的受剪承载力不宜小于其上一层受剪承载力的 80%，不应小于其上一层受剪承载力的 65%；B 级高度高层建筑的楼层层间抗侧力结构的受剪承载力不应小于其上一层受剪承载力的 75%。抗震设计的高层建筑结构，结构楼层层间抗侧力结构的承载力小于其上一层的 80%，其薄弱层对应于地震作用标准值的地震剪力应乘以 1.15 的增大系数。

《抗震规范》第 3.4.2 条、《高规》第 5.1.14 条规定，某楼层竖向抗侧力构件不连续，也导致了薄弱楼层。

3.2.2 软件实现

由于楼层层间受剪承载力需要按构件实配钢筋面积进行计算，程序目前无自动进行楼层层间受剪承载力计算功能及对承载力突变进行判断的功能。以后程序将设法增补这一计算功能。

当用户自行确认了某层抗侧力结构的受剪承载力小于其上一层的 80%时，则应将该层手工设置为薄弱层。

计算机程序也无法自动判断因抗侧构件竖向布置不连续而造成的薄弱层，对于转换层结构，不管程序按刚度比来判断该层是否属于薄弱层，用户都应将该层手工置为“薄弱层”。

3.2.3 操作方法

用户可做“指定薄弱层”的操作。

SATWE

指定薄弱层，此时程序自动判定的薄弱层仍旧调整

进入菜单 1. 接 PM 生成 SATWE 数据→1. 分析与设计参数补充定义→调整信息。

在“指定的薄弱层个数”项内填入要手工设定薄弱层的总层数，再在“各薄弱层层号”项内填入相应的薄弱层所在结构的层号。

TAT

指定薄弱层，此时程序自动判定的薄弱层仍旧放大 1.15

进入菜单 2. 数据检查和图形检查→3. 参数修正→调整信息。

在“考虑附加薄弱层地震剪力的人工调整”项内打“√”，此时弹出“折减系数”菜单。

在指定薄弱层的层号行中填入 x 方向、y 方向的薄弱层放大系数值。注意：程序按填入的放大系数调整，不一定是 1.15。

PMSAP

指定薄弱层，此时程序自动判定的薄弱层仍旧调整

进入菜单 3. 参数补充与修改→计算调整信息。

在“指定的薄弱层个数”项中填入要用户设定薄弱层的总层数，再在“指定的各薄弱层层号”项内填入薄弱层的结构层号。

关联操作见“薄弱层(刚度比)”：参见刚度比的薄弱层相关内容。

3.2.4 结果说明

程序逐层输出每一层薄弱层(包括用户指定)地震剪力放大系

数。详见薄弱层(刚度比)的结果说明。

3.3 罕遇地震下结构弹塑性变形简化计算

我国的抗震设计基本思想是“三水准设防和两阶段设计”。三水准设防是“小震不坏，中震可修，大震不倒”；两阶段设计是：第一阶段，小震下弹性设计，即多遇地震下结构和构件承载力验算和结构弹性变形验算，对各类结构按规范要求采取抗震措施；第二阶段，对一些规范规定的结构进行罕遇地震下的弹塑性变形验算。

结构弹塑性变形验算，是指在罕遇地震下结构层间位移角不超过弹塑性层间位移角限值，属变形能力极限状态验算。弹塑性变形验算的目的，是防止结构在罕遇地震时倒塌。

3.3.1 验算范围

《高规》第 4.6.4 条，高层建筑结构在罕遇地震作用下薄弱层弹塑性变形验算，应符合下列规定：

下列结构应进行弹塑性变形验算：

(1) 7～9 度时楼层屈服强度系数小于 0.5 的框架结构；

(2) 甲类建筑和 9 度抗震设防的乙类建筑结构；

(3) 采用隔震和消能减震技术的建筑结构。

下列结构宜进行弹塑性变形验算：

(1) 在下列高度范围：

1) 8 度Ⅰ、Ⅱ类场地和 7 度，建筑高度大于 100m；

2) 8 度Ⅲ、Ⅳ类场地，建筑高度大于 80m；

3) 9 度，建筑高度大于 60m；

并且存在以下问题的：

1) 刚度突变的软弱层；

2）受剪承载力的突变层；

3）结构竖向抗侧力构件上下不连续贯通；

4）上部楼层收进部位到室外地面的高度 H_1 与房屋高度 H 之比大于0.2时，上部楼层收进后的水平尺寸 B_1 小于下部楼层水平尺寸 B 的0.75倍；

5）上部结构楼层相对于下部楼层外挑时，下部楼层的水平尺寸 B 小于上部楼层水平尺寸 B_1 的0.9倍，或水平外挑尺寸 a 大于4m。

（2）7度Ⅲ、Ⅳ类场地和8度抗震设防的乙类建筑结构；

（3）板柱-剪力墙结构。

楼层屈服强度系数是指按构件实际配筋和材料强度标准值计算的楼层受剪承载力与按罕遇地震作用计算的楼层弹性地震剪力的比值。

3.3.2 弹塑性变形计算方法选择

《抗震规范》规定，结构在罕遇地震作用下弹塑性变形计算，可采用下列方法：

（1）超过12层且层侧向刚度无突变的钢筋混凝土框架结构可采用简化计算法；

（2）静力弹塑性分析法；

（3）弹塑性时程分析法。

PKPM系列软件提供了以上三种弹塑性计算方法的程序，TAT、SATWE、PMSAP具有采用简化计算法验算12层以下刚度均匀钢筋混凝土框架弹塑性变形的功能，EPDA&EPSA程序可采用静力弹塑性分析法或弹塑性时程分析法计算任意结构的弹塑性变形。

以下介绍弹塑性变形简化计算法，静力弹塑性分析法和弹塑性时程分析法将在第九章专门介绍。

3.3.3 弹塑性变形验算的简化计算法

(1) 罕遇地震下水平地震影响系数最大值取值(表 3-1)

罕遇地震下水平地震影响系数最大值 表 3-1

烈 度	7	8	9
α_{max}	0.50(0.72)	0.90(1.20)	1.40

(2) 作用效应组合

TAT、SATWE、PMSAP 软件只考虑罕遇地震下的弹塑性层间变形，不考虑其他荷载下产生的变形；地震作用分项系数取 1.0，其他荷载组合值系数取 0。

(3) 结构薄弱层的位置确定

1) 楼层屈服强度系数沿高度分布均匀的结构，可取底层；

2) 楼层屈服强度系数沿高度分布不均匀的结构，可取该系数最小的楼层及相对较小的楼层，一般不超过 2～3 处。

(4) 层间弹塑性位移可按下列公式计算

$$\Delta u_p = \eta_p \Delta u_e \tag{3-1}$$

式中 η_p——弹塑性位移增大系数，当薄弱层的屈服强度系数不小于相邻层该系数平均值的 0.8 时，按表 3-2 采用；当不大于该平均值的 0.5 时，可按表内相应数值的 1.5 倍采用；其他情况可采用用内插；

Δu_e——罕遇地震作用下按弹性分析的层间位移；

结构的弹塑性位移增大系数 η_p 表 3-2

框架总层数	ξ_y		
	0.5	0.4	0.3
2～4	1.30	1.40	1.60
5～7	1.50	1.65	1.80

续表

框架总层数	ξ_y		
	0.5	0.4	0.3
8～12	1.80	2.00	2.20

注：ξ_y——楼层屈服强度系数；

$$\xi_y = V_y / V_e \tag{3-2}$$

式中 V_y——楼层实际受剪承载力，按构件实际配筋和材料强度标准值计算；

V_e——罕遇地震作用标准值产生的框架楼层弹性地震剪力。

(5) 弹塑性位移验算

$$\Delta u_p \leqslant [\theta_p] h \tag{3-3}$$

式中 $[\theta_p]$——弹塑性层间位移角限值，可按《抗震规范》表5.5.5采用；对框架结构，当柱轴压比小于0.40时，可提高10%；当柱全高的箍筋构造比规范规定的最小配筋特征值大30%时，可提高20%，但累计不超过25%；

h——层高。

(6) 楼层受剪承载力的估算

TAT、SATWE采用“拟弱柱化法”，计算公式如下：

1) 计算柱端正截面受弯承载力

当柱的 $\xi \leqslant \xi_b$ 时

$$M_{cy} = f_{yk} A_s^a (h_0 - a_s') + 0.5 Nh (1 - N / \alpha_1 f_{ck} bh) \tag{3-4}$$

式中 M_{cy}——柱端按实际配筋和材料强度标准值计算的正截面受弯承载力；

f_{yk}——钢筋强度标准值；

A_s^a——受拉区纵向钢筋实际配筋截面面积；

N——可取重力荷载代表值的柱轴向压力；

f_{ck}——混凝土轴心抗压强度标准值；

α_1——受压区混凝土矩形应力图的应力值与混凝土轴心抗压强度设计值的比值；

b——柱截面宽度；

h——柱截面高度。

2）计算柱和楼层受剪承载力

$$V_{yj}(i)=\frac{M^u_{cyj}(i)+M^l_{cyj}(i)}{H_n(i)} \tag{3-5}$$

$$V_y(i)=\sum_{j=1}^{m}V_{yj}(i) \tag{3-6}$$

式中 $V_{yj}(i)$——第 i 层第 j 根柱受剪承载力；

$M^u_{cyj}(i)$、$M^l_{cyj}(i)$——分别为第 i 层第 j 根柱上、下端正截面受弯承载力，按式(3-4)计算；

$H_n(i)$——第 i 层柱净高；

$V_y(i)$——第 i 层楼层受剪承载力。

（7）软件的操作（弹塑性位移简化计算法）

在进入构件配筋设计与验算菜单时，选择“计算 12 层以下框架结构的薄弱层”的计算选项，程序会自动执行计算，结果输出在 TAT-K. OUT(TAT)、SAT-K. OUT(SATWE)文件中。

以一幢 7 层框架为例，输出的 SAT-K. OUT 文件内容如下：

```
=============================
Output of Weak-Storey-Analysis of Frame Structure
=============================
Vx、Vy——The Shear Force of Floors(楼层剪力)
VxV、VyV——The Bearing Shear Force of Floors(承载力)
------------------------------------
Floor   Tower   Vx     Vy     VxV    VyV
                (kN)   (kN)   (kN)   (kN)
------------------------------------
```

7	1	330.78	384.67	794.12	741.31
6	1	2430.16	2683.98	3656.01	3711.57
5	1	4063.65	4389.33	4797.23	4797.23
4	1	5255.97	5630.55	5531.87	5531.87
3	1	6192.91	6645.11	5858.66	5858.66
2	1	7152.73	7659.95	5963.40	6000.83
1	1	8183.14	8707.41	5145.58	4952.42

The Yield Coefficients of Floor(楼层屈服强度系数)

Floor	Tower	G_{sx}	G_{sy}
7	1	2.4007	1.9271
6	1	1.5044	1.3829
5	1	1.1805	1.0929
4	1	1.0525	0.9825
3	1	0.9460	0.8816
2	1	0.8337	0.7834
1	1	0.6288	0.5688

The Elastic - Plastic Displacement of Floor in x - Direction(x向弹塑性位移)

Floor	Tower	D_x (mm)	D_{xs} (mm)	A_{tpx}	D_{xsp} (mm)	D_{xsp}/h	h (m)
7	1	104.35949	4.09383	1.50	6.14074	1/586	3.60
6	1	105.10651	6.07019	1.50	9.10528	1/395	3.60
5	1	99.32450	10.00779	1.50	15.01169	1/239	3.60
4	1	89.31724	13.71103	1.30	17.82434	1/201	3.60

3	1	75.81548	16.91443	1.30	21.98876	1/163	3.60
2	1	59.22510	26.15290	1.30	33.99877	1/123	4.20
1	1	33.44107	33.44107	1.30	43.47339	1/124	5.40

The Elastic-Plastic Displacement of Floor in y-Direction（y 向弹塑性位移）

Floor	Tower	D_y (mm)	D_{ys} (mm)	A_{tpy}	D_{ysp} (mm)	D_{ysp}/h	h (m)
7	1	102.39285	5.23111	1.50	7.84666	1/458	3.60
6	1	99.03337	7.09758	1.50	10.64638	1/338	3.60
5	1	93.22583	10.41341	1.50	15.62012	1/230	3.60
4	1	83.70084	13.02811	1.30	16.93655	1/212	3.60
3	1	70.71489	16.53282	1.30	21.49267	1/167	3.60
2	1	54.18207	24.88723	1.30	32.35340	1/129	4.20
1	1	29.37691	29.37691	1.30	38.18998	1/141	5.40

x、y 向薄弱层弹塑性层间位移角均满足规范 1/50 的要求。

第4章　上部结构与地下室共同工作分析及地下室设计

4.1　概　　述

最近几年设计的高层、超高层和复杂多层建筑结构中，通常都带有地下室。对于这类带有地下室的工程，在设计计算中如何考虑地下室结构和回填土的影响，如何合理简化结构形成符合工程实际的计算模型是摆在广大设计人员面前的一个重要问题，也是目前结构设计理论研究的一个焦点。

有地下室的建筑结构是一个由上部结构与地下室组成的完整的承力体系，具有共同的位移场，相互协调变形。此外，地下室外的回填土对结构具有一定的约束作用，而且这种约束作用是相互耦连的、仅约束水平位移、并不约束竖向位移和竖向转动。严格地讲，在建筑结构分析与设计中，上部结构与地下室应作为一个整体统一考虑，并应合理考虑地下室外回填土对结构的约束作用。由于理论研究和应用软件等条件限制，以前设计人员很难做到这一点，不得不做各种简化。譬如在上部结构设计计算时将嵌固端取在±0.0处或某层地下室顶板位置，以嵌固端为界将上部结构与下部结构分离开，建立两套数据文件，按照上部结构和下部结构的不同要求，分别进行计算。在地下室刚度足够大时（如箱基），这样的模型简化误差不大，这种简化措施是可行的。但由于地下大空间利用要求限制，现在设计的地下室已经很少采用箱基，而且许多地下室都用作停车库或商场，空间分割灵活，其水平刚度和竖向刚度都有限，对于这样的工程，上述简化模型导致的误差已经不可忽视了。PKPM 系列 CAD 软件中的 SATWE 软件针对这类工程做了一些具体工作，本章结合新规范的有关规定，介绍 SATWE 软件有关上部结构与地下室共同工作分析、地下室抗震设计以及地下室人防设计功能的编制原理和应用要点。

这里所述的地下室抗震设计以及地下室人防设计不包括地下室顶板和底板的相关设计，其抗震设计或人防设计都由 PMCAD 主菜单⑤画结构平面图完成。

4.2 建议的分析模型

《抗震规范》第 6.1.14 条、《高规》第 5.3.7 条都规定，当地下室顶板作为上部结构嵌固部位时，地下室结构的楼层侧向刚度不应小于相邻上部结构楼层侧向刚度的 2 倍。当刚度比不满足嵌固部位的楼层侧向刚度比规定时，《高规》宣贯培训材料[4]（P5～12)建议：有条件时可增加地下室楼层的侧向刚度，或者将主体结构的嵌固部位下移至符合要求的部位。

对“嵌固部位”的理解是问题的关键。参照上节的分析，应将规范中的“嵌固部位”理解为在该部位限定结构的水平位移，而对其他自由度并不施加任何限制条件。这样理解与目前设计的工程实际是相符的。

有地下室结构的分析模型简化，核心问题有两点，一是如何合理考虑地下室刚度，二是如何正确反映回填土约束作用。

合理考虑地下室刚度比较简单，可以真实地将地下室部分与上部结构一起建模，建立一个包括上部结构和地下室所有构件在内的综合模型，并将结构的嵌固端取在基础底板处。

正确反映回填土对地下室的约束作用则要复杂得多。回填土与地下室之间的作用是相互的。虽然在土与结构相互作用的地震反应方面，理论界已取得一些研究成果，但要直接应用于工程设计还有一定的困难。鉴于目前规范的反应谱理论是基于刚性地基假定的，为此建议采用两种考虑回填土约束作用的分析方法：嵌固水平位移法和弹簧刚度法。

方法一：嵌固水平位移法

按照《抗震规范》第 6.1.14 条和《高规》第 5.3.7 条规定的基本思想，将上部结构与地下室作为一个整体考虑，嵌固端取在基础底板处，并根据地下室结构与相邻上部结构楼层侧向刚度比的大小，确定合适位置限定其水平位移，即取相应的水平位移为零。

这是一种近似简化方法。在应用这一方法时，首先涉及的一个问题是楼层侧向刚度比计算。目前楼层侧向刚度计算方法有三种，分别是剪切刚度、剪弯刚度和《抗震规范》第 6.4.3 条条文说明中建议的楼层剪力与层间位移比值，这三种方法计算结果的差异较大，而且具体含义也不相同。《抗震规范》第 6.1.14 条条文说明中建议：当进行方案设计时，地下室侧向刚度比可采用剪切刚度比估算；《高规》宣贯培训材料[4]建议：地下室侧向刚度比可采用剪切刚度比计算，也可按《抗震规范》的楼层剪力与层间位移比计算。当得到满足规范规定的地下室结构与相邻上部结构楼层侧向刚度比值时，则可确定水平位移嵌固部位，即取该层地下室及以下各层地下室顶板处的水平位移为零。在具体软件操作中，考虑到计算效率及其他因素，我们建议在计算地下室结构与相邻上部结构楼层侧向刚度比时，以采用剪切刚度比法为优。

方法二：弹簧刚度法

弹簧刚度法的计算模型是将上部结构与地下室作为一个整体考虑，嵌固端取在基础底板处，并在每层地下室的楼板处引入水平弹簧刚度，其值的大小反映回填土对地下室的约束作用的强弱。这是采用水平弹簧刚度近似模拟回填土对地下室的约束作用的方法，实际上也是一种近似方法。

在工程分析中应用时，设计人员需要确定水平弹簧刚度的具体取值，这是一项非常困难的工作。我们大家都知道回填土对地下室本身有约束作用，由于影响这种约束作用的因素很多且十分复杂，难以观察，所以谁也不清楚具体的约束作用有多大。鉴于这一点，在SATWE软件中，没有直接要求用户输入水平弹簧刚度的真实数值，而是间接地要求输入“回填土对地下室约束作用的相对(弹簧)刚度比”，其含义是回填土的约束刚度与地下室本身抗侧移刚度的比值。对于设计人员来说，都清楚各层地下室本身的抗侧移刚度大小，间接地取一个相对刚度比值应该更容易操作。若取相对刚度比为零，则表示不考虑回填土的约束刚度；若取相对刚度比为5.0或更大，则计算结果与方法一的嵌固各层地下室顶板水平位移效果一致。这是两个极端，工程实际情况应该介于这两种情况之间。分析经验表明，取相对刚度比在2.0～4.0之间变化对计算结果影响并不敏感。对于一般工程，可取相对刚度比为3.0，SATWE软件给出的相对刚度比隐含值就是为3.0。

4.3 恒、活、风荷载和地震作用计算

4.3.1 恒、活荷载

本文建议的模型中，因为地下室部分结构的竖向变形和转角造成了上部结构内力分布的影响，在恒、活荷载作用下其构件内力与将地下室部分截掉的分析方法相比会有所不同。随着地下室层数越多、刚度越小，这种差异就越大。

4.3.2 风荷载

程序自动取地下室部分的基本风压为零。在地上部分的风荷

载计算中，自动扣除地下室部分的高度，地下室顶板作为风压高度变化系数的起算点。

4.3.3 地震作用

由地下室质量产生的地震作用，主要被室外的回填土吸收，只有一小部分由地下室本身的构件承担。由于被室外的回填土吸收的地震作用标准值没有在计算结果中表现出来，这样会造成结构整体地震作用基底剪力的减小，导致传递到基础的总地震剪力和倾覆力矩偏小。对于这个问题，程序正在修正中。

另外在按《抗震规范》第5.2.5条进行最小地震剪力系数调整时，不满足地下室部分的最小地震剪力系数要求也不予调整。

4.4 地下室抗震设计

4.4.1 地下室的抗震等级

根据《抗震规范》第6.1.3条，当地下室顶板作为上部结构的嵌固部位时，地下一层的抗震等级应与上部结构相同，地下一层以下的抗震等级可根据具体情况采用三级或更低等级。地下室中无上部结构的部分，可根据具体情况采用三级或更低等级。文献[5]给出了进一步的规定：所有满足嵌固在地下室顶板各结构类型的地下一层均按上部结构的抗震等级采用，以下可逐层降低一级，但7度不宜低于四级、8度不宜低于三级、9度不宜低于二级；对于乙类建筑，6度不宜低于四级、7度不宜低于三级、8度不宜低于二级、9度时专门研究。

在SATWE软件中，在参数定义菜单中可定义全楼的基本抗震等级。抗震等级特殊的部位可在特殊构件菜单中逐个构件定义。这样就可满足在同一结构中有不同抗震等级的要求。对于有多层地下室的结构，如果没有对地下一层以下构件特殊定义抗震等级，则程序按全楼的基本抗震等级设计所有各层地下室。

4.4.2 设计计算要点

按照《抗震规范》第 6.1.14 条要求，地下室顶板作为上部结构嵌固部位时，地上一层框架结构柱和抗震墙墙底截面的设计弯矩值应符合第 6.2.3、第 6.2.6、第 6.2.7 条规定。位于地下室顶板的梁柱节点左右梁端截面实际受弯承载力之和不宜小于上下柱端实际受弯承载力之和。程序根据“地下室层数”数据自动搜索出地下室顶板的梁、地上一层框架结构柱和抗震墙墙底截面位置，并按上述要求进行设计内力调整。

同时，规范要求地下室柱截面每侧的纵向钢筋面积，除应满足计算要求外，不应少于地上一层对映柱每侧纵向钢筋面积的 1.1 倍。程序尚未实现这条要求，输出的地下室各层柱配筋仅是其计算值。在绘制施工图时，设计人员应自己考虑 1.1 倍要求给予加强。

程序内定地下室为剪力墙的加强部位，用户可人工指定剪力墙加强部位的起算层号而使部分地下室为非加强部位，并按上部结构抗震等级要求设计地下室部分的剪力墙边缘构件[4]。不管用户是否更改，《高规》第 7.2.6 条 1 款所指的墙底截面组合弯矩设计值，程序都按地下室的顶板处截面计算；《高规》第 7.1.9 条所指剪力墙的加强部位高度或层数，程序都按地下室顶板处以上计算，但输出结果包括了全部地下室的高度或层数。

4.5 地下室外墙平面外设计

地下室外墙所承受的荷载，除上部结构传递来的恒、活、风和地震作用外，还有地下室本身的竖向荷载、地面活载、侧向土

压力 Q_s 和地下水压力 Q_w，参见图 4-3。若有人防设计要求，还有人防等效静荷载(有关人防设计问题将在下节讨论)。用户应在前处理“地下室信息”子菜单中的‘地下室外墙侧土水压力参数’框内填入相应的数据(见图 4-1)。

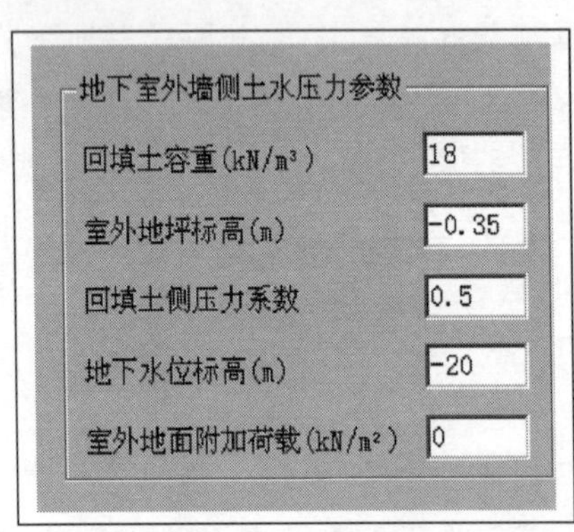

图 4-1　土、水压力参数

在实际工程设计中，风荷载和地震作用产生的内力一般不起控制作用，墙体的平面外配筋主要由垂直于墙面的水平荷载产生的弯矩控制，可以考虑竖向荷载产生的轴力与垂直于墙面的水平荷载产生的弯矩组合的压弯作用，在有些设计中也可仅按墙板弯曲计算墙的平面外配筋。软件是按前一种方式进行地下室外墙平面外配筋的。

关于垂直于墙面的水平荷载产生的弯矩计算力学模型，文献[6]给出了如下建议：地下室外墙可根据支撑情况按双向板或单向板计算水平荷载作用下的弯矩。由于地下室内墙间距不等，而且有的间距较大，因此在工程设计中一般可把楼板和基础底板作为外墙板的支点，按单向板简化计算，在基础底板处按固端约束，顶板处按铰接支座。软件采用了文献[6]建议的简化计算模型，按单向板简化计算垂直于墙面的水平荷载产生的弯矩，但在计算中未考虑塑性内力重分布。

4.6 地下室人防设计

地下室设计中考虑的荷载除常规的恒载、活载、风荷、地震作用等外，还有地下室顶板的竖向人防等效均布静荷载 Q_{e1}、外墙的水平人防等效均布静荷载 Q_{e2} 和临空墙的水平人防等效均布静荷载 Q_c。SATWE 程序的地下室人防设计信息如图 4-2 所示。对于一个二层地下室的结构，若二层地下室都考虑人防荷载作用，即人防地下室层数填为 2，相应的人防荷载加载简图如图4-3(*a*)所示；若只有最下面的一层

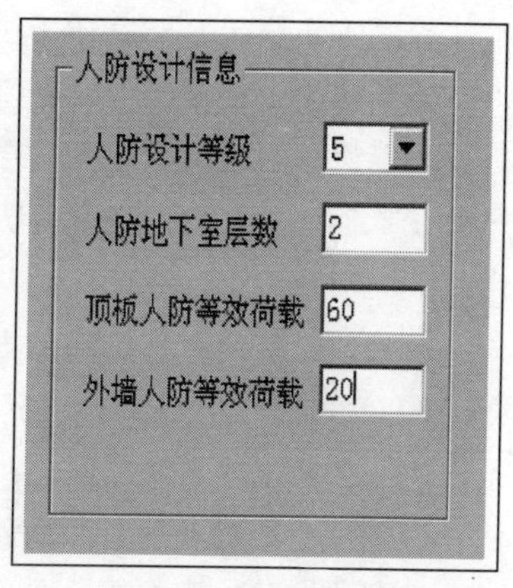

图 4-2　人防设计信息

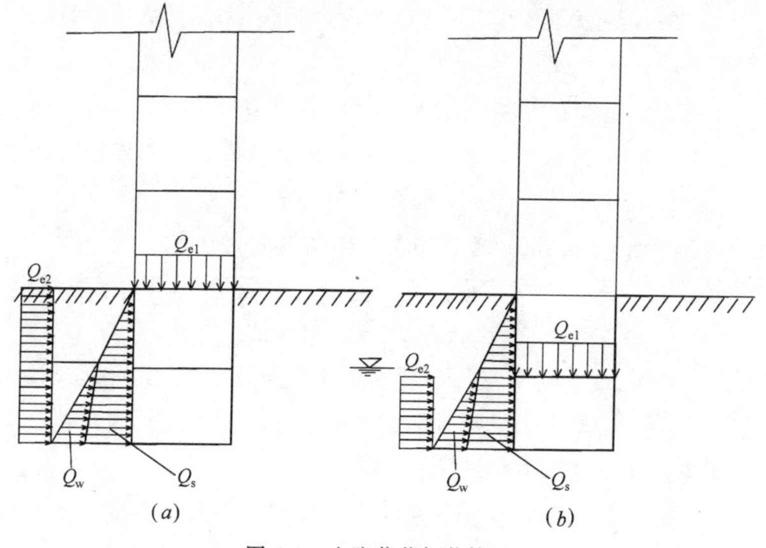

图 4-3　人防荷载加载简图

第4章　上部结构与地下室共同工作分析及地下室设计

考虑人防荷载作用，即人防地下室层数填为 1，则相应的加载简图如图 4-3(*b*)所示(图中 Q_w 为地下水对地下室外墙的侧压力，Q_s 为回填土对地下室外墙的侧压力)。

程序将作用于地下室顶板的竖向人防等效均布静荷载 Q_{e1} 作为整体结构的一种工况，人防荷载，进行整体结构的三维线弹性有限元分析，求得人防地下室层数内各构件的人防作用效应。用户可在单项内力文件中查看人防地下室层数内各构件的人防荷载作用下的标准内力。

在进行人防地下室构件的截面验算时，除恒、活、风、地震作用效应组合外，根据《人民防空地下室设计规范》[7] 第 4.3.14 条和 4.6.2 条要求，增加的人防作用效应组合如下：

对于考虑人防地下室的普通构件(如梁、柱、墙等)，程序中考虑了两组人防作用效应组合：

① $$1.2S_{Gk}+1.0S_{Qk}$$

② $$1.0S_{Gk}+1.0S_{Qk}$$

其中，S_{Gk} 为恒载作用效应，S_{Qk} 为相应于 Q_{e1} 的人防设计荷载作用效应；

对于临空墙，考虑的人防作用效应组合同上，其中 S_{Qk} 为相应于 Q_{e1} 和 Q_c 的人防设计荷载作用效应，截面验算内容包括墙平面内强度验算和平面外强度验算；

对于地下室外墙，考虑的人防作用效应组合有：

① $$1.2S_{Gk}+1.2S_{Ek}+1.0S_{Qk}$$

② $$1.0S_{Gk}+1.0S_{Ek}+1.0S_{Qk}$$

其中，S_{Ek} 为地下室外墙的侧向土、水压力作用效应，S_{Qk} 为相应于 Q_{e1} 和 Q_{e2} 的人防设计荷载作用效应，截面验算内容包括墙平面内强度验算和平面外强度验算。

在人防作用效应组合下进行构件验算时，材料强度取其动力强度。混凝土和钢筋的动力强度设计值取静荷载作用下的强度设计值乘以强度综合调整系数 r_d，其值按第 4.6.3 条和表 4.6.3 取用。另外，在钢筋混凝土梁斜截面承载力验算时，考虑了混凝土强度等级影响的修正(有关公式见第 4.6.7 条)；在梁、柱斜截面承载力验算时，混凝土的动力强度设计值乘以折减系数 0.8(见第 4.6.8 条)；在墙、柱受压构件正截面承载力验算时，混凝土轴心抗压动力强度设计值乘以折减系数 0.8(见第 4.6.9 条)；钢筋混凝土构件纵向钢筋的配筋率最小值按 4.7.7 表取值(见第 4.7.7 条)。

4.7 结束语

本章详细介绍了 SATWE 软件的上部结构与地下室共同工作分析功能及其应用，包括分析模型的选取、各种作用的计算、地下室外墙平面外配筋设计和地下室人防设计等相关问题。除此之外，在工程应用中尚需注意以下几点：

文中建议了两种考虑上部结构与地下室共同工作分析方法：嵌固水平位移法和弹簧刚度法。考虑到与现行规范的协调一致，在工程应用中选用计算方法时以嵌固水平位移法为优先。

程序中提供了地下室外墙平面外配筋设计功能。垂直于墙面的水平荷载产生的弯矩的计算采用了文献[6]建议的计算模型，即根据支承情况按单向板简化计算。但未考虑地下室外墙越层情况，若结构中存在地下室外墙越层情况，设计人员应对该局部做补充验算。

在上述介绍的人防设计功能中，顶板人防等效静荷载的导荷方式与活荷载值一致，也就是说若某个房间的均布活荷载为零，程序认为该房间的顶板人防等效静荷载也为零。另外程序未能考虑顶板覆土厚度和顶板区格最大短边净跨的不同而导致各区格中顶板人防等效静荷载的差异。

第5章　剪力墙及其边缘构件的设计

《混凝土结构规范》(GB 50010—2002)(以下简称《混凝土规范》)第10.5.3条及《高规》第7.2.4条规定了钢筋混凝土剪力墙截面验算的内容，其具体计算方法与原规范相差不大，但要注意有些规则和系数取值的变化。

原规范对于剪力墙边缘构件的规定过于笼统，以致在某些情况下不够安全，在另外一些情况下又过于保守。为了保证在地震作用下的钢筋混凝土剪力墙具有足够的延性，新修编规范、规程对剪力墙边缘构件的大小、配筋和构造要求作了更详细的规定。特别新增加了约束边缘构件的概念，即对延性要求较高的剪力墙，在可能出现塑性铰的部位应设置约束边缘构件。

新规范的边缘构件是怎样分类的呢？它们是独立配筋的，还是从剪力墙配筋的基本公式出发且考虑边缘构件自身构造共同完成配筋的呢？

5.1　剪力墙正截面配筋

根据结构分析所得的剪力墙组合内力设计值及《高规》第7.2.8条或《混凝土规范》第7.3节、第7.4节的有关规定，剪力墙应进行偏心受压或偏心受拉正截面承载力计算。

计算中首先确定竖向分布筋的配筋率及其钢筋强度设计值，然后按组合内力的情况选用偏心受压或偏心受拉相关公式计算出在竖向分布筋参与工作情况下的墙端所需钢筋截面面积。

（1）用户可在程序的前处理菜单中给定“墙竖向分布筋的配筋率（内定为 0.3%）”和“墙分布筋强度设计值（内定为 210N/mm^2）”。

（2）墙竖向分布筋的配筋率的取值可参考《混凝土规范》第 11.7.11 条和《高规》第 4.9.2 条、第 7.2.18 条、第 10.2.15 条的剪力墙的竖向分布钢筋的最小配筋率的相关规定：特一级，一般部位取为 0.35%，底部加强部位取为 0.4%；一、二、三级取为 0.25%；四级取为 0.2%；非抗震要求取为 0.2%；部分框支剪力墙结构的剪力墙底部加强部位抗震设计时取为 0.3%，非抗震设计时取为 0.25%。

（3）设置的墙竖向分布筋的配筋率，除用于墙端所需钢筋截面面积计算外，还传到《剪力墙结构计算机辅助设计软件 JLQ》中作为选择竖向分布筋的数据。

（4）结构的抗震等级为特一级或结构为部分框支剪力墙时，因为全楼只设一个墙竖向分布筋的配筋率值，所以无法区分剪力墙底部加强区与一般部位的最小竖向分布筋的配筋率的不同要求。

若墙竖向分布筋的配筋率按底部加强部位取值时，将导致一般部位的墙端计算钢筋截面面积变小。一旦施工图绘制时一般部位选用了一般部位的竖向分布钢筋的最小配筋率，就可能会造成不安全。

若墙竖向分布筋的配筋率按一般部位取值时，可保证全楼墙端计算钢筋不会偏小（底部加强区墙端计算钢筋变大），同时可通过《剪力墙结构计算机辅助设计软件 JLQ》的菜单②修改基本数据→编辑分布筋的操作加大底部加强部位的竖向分布筋，补充剪力墙底部加强部位的竖向分布筋的配筋率的不足，使满足规范要求。

5.2 剪力墙斜截面配筋

5.2.1 非抗震剪力墙斜截面设计

钢筋混凝土剪力墙，按《混凝土规范》第 10.5.4 条规定，受剪截面应符合下列条件：

$$V \leqslant 0.25\beta_c f_c bh \tag{5-1}$$

式中 V——剪力设计值；

β_c——混凝土强度影响系数；

b——矩形截面的宽度或 T 形、I 形截面的腹板宽度(墙的厚度)；

h——截面高度。

当截面不满足上述要求时，给出超筋信息，此时应加大截面或提高混凝土强度等级。

钢筋混凝土剪力墙在偏心受压、受拉时的斜截面受剪承载力按第 10.5.5、10.5.6 条规定计算。

5.2.2 抗震要求的剪力墙斜截面设计

考虑地震作用组合的剪力墙，按新混凝土规范第 11.7.4 条规定，受剪截面应符合下列条件：

当剪跨比 $\lambda>2.5$ 时：$V \leqslant \frac{1}{\gamma_{RE}}(0.2\beta_c f_c bh_0)$ (5-2)

当剪跨比 $\lambda \leqslant 2.5$ 时：$V \leqslant \frac{1}{\gamma_{RE}}(0.15\beta_c f_c bh_0)$ (5-3)

当截面不满足上述要求时，给出超筋信息，此时应加大截面或提高混凝土强度等级。

考虑地震作用组合的剪力墙在偏心受压、受拉时的斜截面受剪承载力按第 11.7.5 条、第 11.7.6 条规定计算。

5.2.3 剪力墙分布筋构造要求

按《混凝土规范》第 11.7.11 条规定，抗震要求的剪力墙的水平和竖向分布钢筋的配置，符合下列规定：一、二、三级抗震等级的剪力墙的水平和竖向分布钢筋配筋率 ρ_{sh} 和 ρ_{sv} 均不小于 0.25%；四级抗震等级剪力墙不小于 0.2%；非抗震要求的剪力墙的水平和竖向分布钢筋的配筋率不小于 0.2%。分布钢筋间距不大于 300mm；其直径不小于 8mm；部分框支剪力墙结构的剪力墙底部加强部位的水平和竖向分布钢筋配筋率，抗震设计时不小于 0.3%，非抗震设计时不小于 0.25%；抗震设计时水平钢筋间距不大于 200mm。

部分框支剪力墙结构的剪力墙底部加强部位的水平和竖向分布钢筋配筋率，抗震设计时不应小于 0.3%，非抗震设计时不应小于 0.25%；抗震设计时水平钢筋间距不应大于 200mm。

对于特一级剪力墙，按《高规》第 4.9.2 条规定，一般部位的水平和竖向分布钢筋的最小配筋率取为 0.35%，底部加强部位的水平和竖向分布钢筋的最小配筋率取为 0.4%。

5.3 剪力墙边缘构件设计

新规范、规程增加了约束边缘构件的概念，对延性要求比较高的剪力墙，在可能出现塑性铰的部位应设置约束边缘构件，其他部位可设置构造边缘构件。约束边缘构件的截面尺寸及配筋都比构造边缘构件要求高，其长度及箍筋配置量都需要通过计算确定。

5.3.1 基本构造要求

剪力墙两端及洞口两侧边缘构件符合下列要求：

一、二级抗震等级的剪力墙结构和框架—剪力墙结构中的剪力墙，其底部加强部位及其以上一层的墙肢端部设置约束边缘构件；其他部位设置构造边缘构件。

(1) 约束边缘构件

剪力墙端部设置的约束边缘构件(暗柱、端柱、翼墙和转角墙)应符合下列要求：

约束边缘构件沿墙肢的长度 l_c 及配箍特征值 λ_v 按《混凝土规范》中表 11.7.15 的要求取值，箍筋的配置范围及相应的配箍特征值 λ_v 和 $\lambda_v/2$ 的区域见《混凝土规范》中图 11.7.15(图 5-1)，其体积配筋率 $\rho_v=\lambda_v \dfrac{f_c}{f_{yv}}$；式中 λ_v——配箍特征值，对《混凝土规范》中图 11.7.15(图 5-1)中的 $\lambda_v/2$ 区域，可计入拉筋。

一、二级抗震等级剪力墙约束边缘构件的纵向钢筋的截面面

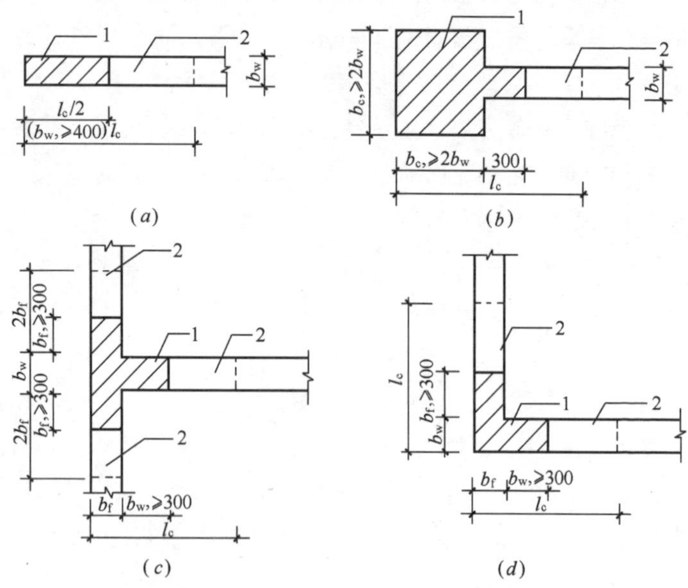

图 5-1 剪力墙的约束边缘构件图

(a)暗柱；(b)端柱；(c)翼墙；(d)转角墙

1—配箍特征值为 λ_v 的区域；2—配箍特征值为 $\lambda_v/2$ 的区域

积，对暗柱、端柱、翼墙和转角墙分别不应小于《混凝土规范》中图 11.7.15(图 5-1)中阴影部分面积的 1.2%、1.0%。

约束边缘构件沿墙肢长度 l_c 除满足表 11.7.15 的要求外，当有端柱、翼墙或转角墙时，尚不应小于翼墙厚度或端柱沿墙肢方向截面高度加 300mm。

当截面不满足上述要求时，程序给出超筋信息，此时应加大截面或提高混凝土强度等级。

(2) 构造边缘构件

剪力墙端部设置的构造边缘构件(暗柱、端柱、翼墙和转角墙)的范围，应按《混凝土规范》中图 11.7.16 采用，构造边缘构件的纵向钢筋除满足计算要求外，尚应符合《混凝土规范》中表 11.7.16 的要求。

当截面不满足上述要求时，程序给出超筋信息，此时应加大截面或提高混凝土强度等级。

5.3.2 边缘构件设计和问题探讨

(1) 边缘构件设计

《高规》第 7.2.15 条规定，抗震设计时，一、二级剪力墙结构底部加强部位及以上一层的墙肢设置约束边缘构件，一、二级剪力墙的其他部位以及三、四级和非抗震设计的剪力墙墙肢均应设置构造边缘构件。

程序可以通过自动搜索，区分确定这两类边缘构件，并进行相应的边缘构件设计。边缘构件的特征尺寸、主筋面积、箍筋面积和配箍率，都可以在边缘构件配筋简图中查看(图 5-2)。

程序提供两个剪力墙配筋结果图：一个是各个直线剪力墙段的配筋简图(图 5-3)，另一个是边缘构件配筋简图(图 5-2)。用户应注意的是：直线剪力墙段标出的暗柱主筋面积是计算值，如果计算值小于零则取零，并不考虑构造要求；而边缘构件简图中的配筋结果则同时考虑了钢筋计算值和构造值，取二者当中的大者。简言之，剪力墙的配筋以边缘构件配筋简图为准，直线剪力墙段的配筋简图仅供校核用。

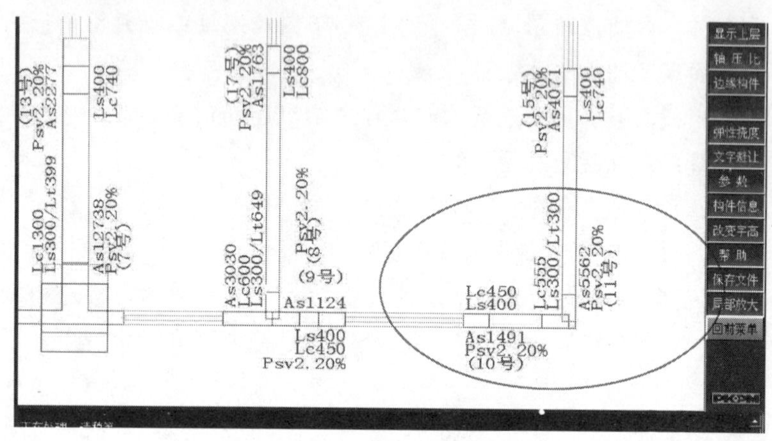

图 5-2　边缘构件配筋简图

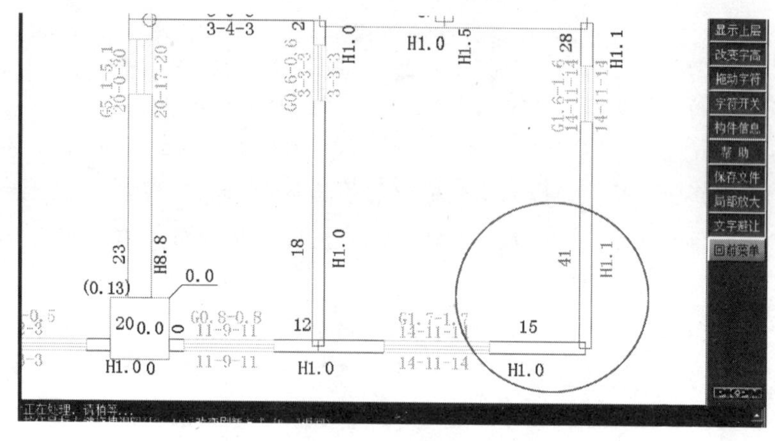

图 5-3　直线剪力墙段的配筋简图

（2）问题探讨

剪力墙的合理配筋是一个较为麻烦的问题，尤其当有斜交、弧墙时，合理的配筋则更为复杂。目前软件采取直线段的配筋方法。因为考虑了交叉点钢筋的叠加，所以在翼墙、转角墙和端柱(端部存在边框柱)处，计算配筋量会偏大，但实际上只有当钢筋量超过边缘构件的构造值时才表现出来。

弧墙的配筋是按 15°为一段进行分段处理的，是一种较为可行和合理的算法。

5.4 剪力墙结构设计

新规范对剪力墙的配筋方式做了重大改进，与旧规范相比有较大差别。剪力墙的配筋过程如下：

(1) 确定配箍特征值和边缘构件的尺寸，生成边缘构件的构造钢筋值。

(2) 在计算剪力墙端主筋时，采用一字形剪力墙的墙肢算出钢筋，然后再把与节点相连的所有墙肢端部计算钢筋叠加(十字形除外)，产生边缘构件的计算配筋面积。

(3) 边缘构件的计算钢筋值与边缘构件的构造钢筋值相比取大。

另外新规范对一级、特一级的底部加强部位及上一层剪力墙配筋采用的弯矩是底层墙底的设计弯矩，所以配筋要比旧规范大得多。

5.4.1 加强区与约束边缘构件

剪力墙加强区及约束边缘构件的确定，软件按以下几点控制：

(1) 加强区按规范要求取 1/10～1/8 的结构总高度，并不小于 2 层；当剪力墙高度超过 150m 时，其底部加强区取墙肢总高度的 1/10。带转换层的高层建筑结构，加强区取框支层加上框支层以上两层的高度及墙肢总高度的1/8二者的较大值。

(2) 在加强区及以上一层为约束边缘构件。

(3) 加强区的设计调整系数与非加强区不同。

(4) 地下室程序自动认为是加强区，也可用人工指定加强区的起算层号的手段来指定地下室为非加强区。

(5) 有地下室时，程序自动扣除地下室的高度计算加强区。

(6) 新《高规》规定加强区都为约束边缘构件，新《抗震规范》则规定在加强区是否为约束边缘构件由轴压比控制，程序按新《高规》的要求操作、控制。当结构层数较少，或剪力墙的轴压比很小时，软件仍按新《高规》的要求设计约束边缘构件。

(7) 剪力墙单肢轴压比，按1.2倍重力荷载代表值计算。

(8) 加强区的确定会有局限，用户应按需要在设计时自行调整、修正。

(9) 剪力墙的剪跨比按最大剪力组合所得内力计算、控制。

5.4.2 边缘构件设计的注意事项

边缘构件设计要注意以下几点：

(1) 剪力墙按单肢墙端部计算配筋，按边缘构件的组合墙设计配筋；

(2) 当墙肢长度不大于3倍的墙厚时，按柱配筋，此时水平筋可以理解为箍筋，但注意轴压比仍按墙计算；

(3) 当两个边缘构件靠的很近时，程序会自动考虑合并；

(4) 边框柱作为剪力墙的一部分与墙共同工作，边框柱按柱配筋作为参考，轴压比也仅为参考，视具体情况而定；边框柱合理的配筋是与组合墙一起整体受力、配筋；

(5) 边缘构件的配筋，尤其是L形端部，按分段直线段配筋有时过大，可以考虑钢筋的共用，如考虑翼缘的作用，两个方向的配筋可以取大值，至少可以减去中间部分的钢筋面积；

(6) 边缘构件中的箍筋按构造要求配置，尤其是一、二级抗震等级的边缘构件；

(7) 边缘构件的配筋应参考边缘构件配筋简图，而在单肢墙配筋简图中输出实际需要的配筋面积，小于 0 取 0，水平分布筋仍在单肢墙配筋简图中输出，可供参考。

第6章 短肢剪力墙结构设计

近年兴起的短肢剪力墙结构，有利于住宅建筑布置，又可进一步减轻结构自重，应用逐渐广泛。但是由于短肢剪力墙抗震性能较差，地震区应用经验不多，考虑高层住宅建筑的安全起见，其剪力墙不宜过少、墙肢不宜过短，因此，不应设计仅有短肢剪力墙的高层建筑，要求设置剪力墙筒体(或一般剪力墙)，形成短肢剪力墙与筒体(或一般剪力墙)共同抵抗水平力的结构。新修编的《高规》对短肢剪力墙结构抗震设计的最大适用高度、使用范围、抗震等级、筒体和一般剪力墙承受的地震倾覆力矩、墙肢厚度、轴压比、截面剪力设计值、纵向钢筋配筋率作了相应的规定。

6.1 规程相关规定

《高规》第7.1.2条规定了高层建筑结构不应采用全部短肢剪力墙的剪力墙结构。短肢剪力墙较多时，应布置筒体(或一般剪力墙)，形成短肢剪力墙与筒体(或一般剪力墙)共同抵抗水平力的剪力墙结构，并且应符合一系列规定。第7.1.3条规定了B级高度高层建筑和9度抗震设计的A级高度高层建筑，不应采用第7.1.2条规定的具有较多短肢剪力墙的剪力墙结构。

6.1.1 短肢剪力墙结构的定义

(1) 短肢剪力墙是指墙肢截面高度与厚度之比为5～8的剪力

墙；

(2) 高层建筑结构不应采用全部短肢剪力墙的剪力墙结构；

(3) 短肢剪力墙较多时，应布置筒体(或一般剪力墙)，形成短肢剪力墙与筒体(或一般剪力墙)共同抵抗水平力的剪力墙结构。

6.1.2 短肢剪力墙结构的必要条件

抗震设计时，筒体和一般剪力墙承受的第一振型底部地震倾覆力矩不宜小于结构总底部地震倾覆力矩的50%。

6.1.3 短肢剪力墙结构的应用范围

(1) B级高度高层建筑和9度抗震设计的A级高度高层建筑，即使设置筒体，也不能采用；

(2) 其最大适用高度比《高规》表4.2.2-1中剪力墙结构的规定值适当降低，且7度和8度抗震设计时分别不应大于100m和60m；

(3) 如果在剪力墙结构中，只有个别小墙肢，不应看成短肢剪力墙结构而应作为一般剪力墙结构处理。

6.1.4 短肢剪力墙结构的抗震加强

(1) 抗震设计时，短肢剪力墙的抗震等级应比《高规》第4.8.2条规定的剪力墙的抗震等级提高一级采用；

(2) 抗震设计时，各层短肢剪力墙在重力荷载代表值作用下产生的轴力设计值的轴压比，抗震等级为一、二、三级时分别不宜大于0.5、0.6和0.7；对于无翼缘或端柱的一字形短肢剪力墙，其轴压比限值相应降低0.1；

(3) 抗震设计时，除底部加强部位应按《高规》第7.2.10条调整剪力设计值外，其他各层短肢剪力墙的剪力设计值，一、二级抗震等级应分别乘以增大系数 1.4 和 1.2；

(4) 抗震设计时，短肢剪力墙截面的全部纵向钢筋的配筋率，底部加强部位不宜小于 1.2%，其他部位不宜小于 1.0%；

(5) 短肢剪力墙截面厚度不应小于 200mm；

(6) 7 度和 8 度抗震设计时，短肢剪力墙宜设置翼缘。一字形短肢剪力墙平面外不宜布置与之单侧相交的楼面梁。

(7)《高规》第 7.2.1 条规定了带有筒体和短肢剪力墙的剪力墙结构的混凝土强度等级不应低于 C25。

弱短肢剪力墙(墙肢截面高度与厚度之比小于 5 墙肢)

《高规》第 7.2.5 条规定了不宜采用墙肢截面高度与厚度之比小于为 5 的剪力墙；当其小于 5 时，其在重力荷载代表值作用下产生的轴力设计值的轴压比，抗震等级为一级(9 度)、一级(7、8 度)、二级、三级时分别不宜大于 0.3、0.4、0.5 和 0.6。

短墙(墙肢截面高度与厚度之比不大于 3 的墙肢)

《高规》第 7.2.5 条文和《抗震规范》第 6.4.9 条文规定剪力墙的截面高度与厚度之比不大于 3 时，应按柱的要求进行设计，底部加强部位纵向钢筋的配筋率不应小于 1.2%，其他部位不应小于 1.0%，箍筋应沿全高加密。

6.1.5 短肢剪力墙分类表(表 6-1)

短肢剪力墙分类表　　表 6-1

剪力墙分类	短肢剪力墙	弱短肢剪力墙	短　墙
墙肢截面高度与厚度之比 h_w/b_w	5～8	3～5	≤3
规程、规范相应条文	• 《高规》第 7.1.2 条 • 《高规》第 7.1.3 条 • 《高规》第 7.2.1 条	• 《高规》第 7.2.5 条 • 《高规》第 7.2.1 条	• 《高规》第 7.2.5 条 • 《高规》第 7.2.1 条 • 《抗震规范》第 6.4.9 条

续表

剪力墙分类	短肢剪力墙	弱短肢剪力墙	短　墙
使用要求	·　形成短肢剪力墙与筒体（或一般剪力墙）共同抵抗水平力的剪力墙结构 ·　B级高度高层建筑和9度抗震设计的A级高度高层建筑不能采用较多短肢剪力墙的剪力墙结构	不宜采用	按柱、异型柱设计
最大适用高度	·　比《高规》表4.2.2-1中剪力墙结构的规定值适当降低，且7度和8度抗震设计时分别不应大于100m和60m		
抗震等级	·　应比一般剪力墙的抗震等级提高一级采用		
轴压比限值	·　抗震等级为一、二、三级时分别不宜大于0.5、0.6和0.7； ·　对于无翼缘或端柱的一字形短肢剪力墙，其轴压比限值相应降低0.1	·　抗震等级为一级（9度）、一级（7、8度）、二级、三级时分别不宜大于0.3、0.4、0.5和0.6	
剪力调整	·　除底部加强部位应按《高规》第7.2.10条调整剪力设计值外；其他各层短肢剪力墙的剪力设计值，一、二级抗震等级应分别乘以增大系数1.4和1.2		
全部纵向钢筋的配筋率	·　底部加强部位不宜小于1.2%； ·　其他部位不宜小于1.0%		·　底部加强部位不应小于1.2% ·　其他部位不应小于1.0%

续表

剪力墙分类	短肢剪力墙	弱短肢剪力墙	短　　墙
箍　　筋			·　应沿全高加密
截 面 厚 度	·　不应小于 200mm		
混凝土强度等级	·　不应低于 C25		

注：弱短肢剪力墙和短墙未列说明内容部分，按同行左列执行。

6.2　程 序 实 现

① 程序把第 7.1.2 条规定的具有较多短肢剪力墙的剪力墙结构称为短肢剪力墙结构。用户可在“结构体系”中设定为“短肢剪力墙结构”。

② 结构设定为“短肢剪力墙结构”后，程序自动将其中的短肢剪力墙，即墙肢高度和厚度之比不大于 8 的剪力墙的抗震等级提高一级。用提高后的抗震等级进行短肢剪力墙墙肢的轴压比控制和剪力设计值放大。

③ 短肢剪力墙结构，其短肢墙部分承担的地震倾覆力矩不应大于结构总底部地震倾覆力矩的 50%。这也是判定短肢剪力墙结构的上限。超过此上限说明短肢剪力墙占的比例太大，这种结构是不允许的。若短肢墙部分承担的地震倾覆力矩占结构总底部地震倾覆力矩的比例很小(现《高规》没有设定下限)，则此结构应视为一般剪力墙结构，不用定义为短肢剪力墙结构，结构中不用区分短肢剪力墙还是一般剪力墙，一律按剪力墙处理。

④ 短肢剪力墙和高厚比小于 5 的矩形截面独立墙肢要全楼验算轴压比限值。不管短肢剪力墙有无翼缘或端柱，SATWE 和 PMSAP 一律用提高的抗震等级按无翼缘或端柱轴压比限值来控制短肢剪力墙轴压比，而 TAT 则考虑了有无翼缘的不同处理。

⑤ 按《高规》第 7.1.2 条 3 款规定，短肢剪力墙结构中墙肢

高度和厚度之比不大于 8 的短肢剪力墙，其抗震等级自动提高一级。用户不需要手工更改这些构件的抗震等级。

⑥ TAT 对短肢剪力墙的判断是整墙认定，而 SATWE、PMSAP 对短肢剪力墙的判断是单肢认定。对有长肢翼缘的 T 形、L 形剪力墙的短肢部分还认为是短肢剪力墙，是不对的。用户使用 SATWE 时请用“独立定义构件抗震等级”定义这种假短肢剪力墙，使它不按短肢墙肢自动调整。但即使这样，在计算短肢剪力墙承担的地震倾覆力矩中仍然包括了这些假短肢墙的弯矩。

6.3 操 作

6.3.1 设定“短肢剪力墙结构”

- SATWE

① 进入菜单 1. 接 PM 生成 SATWE 数据→1. 分析与设计参数补充定义→总信息。

② 在“结构体系”项内选择“短肢剪力墙结构”即可。

- TAT

① 进入菜单 2. 数据检查和图形检查→3. 参数修正→总信息。

② 在“结构类型:”项内选择“短肢剪力墙结构”即可。

- PASAP

① 进入菜单 3. 参数补充及修改→总信息。

② 在“结构类型”项内选择“短肢剪力墙”即可。

6.3.2 结果说明

① 短肢剪力墙部分承担地震倾覆力矩占结构总底部地震倾覆力矩的比例可在相关文件中查看。

- SATWE 可在 WV02Q. OUT 文件中查看，如以下所示。

框架柱及短肢墙地震倾覆弯矩百分比

* *

	柱及短肢墙倾覆弯矩	墙倾覆弯矩	柱及短肢墙倾覆弯矩百分比
X 向地震：	46410.5	52040.0	47.14%
Y 向地震：	24870.4	77263.5	24.35%

• TAT 可在 NL-1. OUT 文件中查看，如以下所示，

本层短肢墙所承担的地震力之弯矩：

塔号：1　X 向短肢墙弯矩：$M_{dwx}=16489.7$　X 向墙弯矩：$M_{wx}=88118.3$

比值：$M_{dwx}/(M_{dwx}+M_{wx})=15.76\%$

塔号：1　Y 向短肢墙弯矩：$M_{dwy}=15323.8$　Y 向墙弯矩：$M_{wy}=86747.3$

比值：$M_{dwy}/(M_{dwy}+M_{wy})=15.01\%$

② 对短肢剪力墙抗震等级的提高及轴压比限值的降低，可在相应配筋文件中查看。下面显示一些结果：

• SATWE 可在 WPJ *. OUT 文件中查看，如下所示。

$N-W_C=1$ ($i=79$　$j=96$)　$B\times H\times L_{wc}$ (m) $=0.30\times2.50\times3.30$

$aa=300$ (mm)　$Nf_w=2R_{cw}=25.0$

$N=-5002.$ $U_c=0.56$　一般剪力墙轴压比

(38) $M=-11.05.$ $N=-739.$ $A_s=229.$

(31) $V=804.$ $N=-8430.$ $A_{sh}=150.0$

$N-W_C=2$ ($i=97$　$j=116$)　$B\times H\times L_{wc}$ (m) $=0.30\times2.00\times3.30$

$aa=300$(mm) $Nf_w=1$ $R_{cw}=25.0$ 短肢剪力墙抗震等级提高

**$N=-4100.$ $U_c=$ $0.57>0.40$ 短肢剪力墙且按无翼缘或无端柱，限值再降低0.1

(1) $M=1.$ $N=-4750.$ $A_s=0.$

(1) $V=2.$ $N=-4750.$ $A_{sh}=150.0$

• TAT 可在 PJ-＊. OUT 文件中查看，如下所示。

有长肢翼缘的短肢剪力墙按一般剪力墙处理

$N\text{-}W=5$ $L_w=3.30$(m) $A_r f_w=0.0000$ $Nf_w=2$ $R_{cw}=25.0$

$N_{wb}=1$（$i_1=4$　$i_2=2$）　$B_w=300$（mm）　$H_w=2000$（mm）

$aa=300$（mm）

$N_{uc}=-4206.$ $U_c=0.59$ 一般剪力墙轴压比

（7）$N=-8084.$ $M=7.$ $A_{s0}=1954.$

（1）$N=-4864.$ $V=-3.$ $A_{sh}=150.$

$N_{wb}=2$（$i_1=1$　$i_2=3$）　$B_w=300$（mm）　$H_w=2500$（mm）

$aa=300$（mm）

$N_{uc}=-5272.$ $U_c=0.59$

（1）$N=-6115.$ $M=14.$ $A_{s0}=0.$

（1）$N=-6115.$ $V=9.$ $A_{sh}=150.$

$N\text{-}W=6$ $L_w=3.30$(m) $A_r f_w=0.0000$ $Nf_w=1$ $R_{cw}=25.0$ 短肢剪力墙抗震等级提高

$N_{wb}=1$（$i_1=4$　$i_2=2$）　$B_w=300$（mm）　$H_w=2000$（mm）

$aa=300$（mm）

** Nuc=−4213. $U_c=0.59>0.50$ 短肢剪力墙且有翼缘限值为0.5

（1）$N=-4886.$ $M=9.$ $A_{s0}=0.$

（1）$N=-4886.$ $V=-4.$ $A_{sh}=150.$

$N_{wb}=2$（$i_1=5$　$i_2=3$）　$B_w=300$（mm）　$H_w=2000$（mm）

$aa=300$（mm）

** Nuc=−4213. $U_c=0.59>0.50$ 短肢剪力墙且有翼缘限值为0.5

（1）$N=-4886.$ $M=-2.$ $A_{s0}=0.$

(2) $N=-4886.\ V=0.\ A_{sh}=150.$

- PMSAP 可在 PMSAP _ PJ. ＊文件中查看，如下所示。

一般剪力墙轴压比

(3) 28 32 L=3.300 B,H=300. 2500. NC, NG, NGH=25 1 1 IEW=2 $MUSV$=0.0030

U_n/U_{nmax}=0.55/0.60 N=−4927.3 I_{com}=26

	A_s/A_{svs}	P_s（%）	I_{err}	I_{gz}	I_{com}	M/Q	N
BOT A_s	1200.00	0.160	0	1	1	51.4	−5707.5
A_{sv}/S	150.000	0.250	0	1	1	319.0	−5707.5
TOP A_s	1200.000	0.160	0	1	1	61.4	−5707.5
A_{sv}/S	150.000	0.250	0	1	1	319.0	−5707.5

短肢剪力墙且按无翼缘或无端柱，限值再降低 0.1

(13) 59 64 L=3.300 B,H=300. 2000. NC,NG,NGH=25 1 1 IEW=1 $MUSV$=0.0030

U_n/U_{max}=0.58/0.40 N=−4161.4 I_{com}=26 短肢剪力墙抗震等级提高

	A_s/A_{svs}	P_s（%）	I_{err}	I_{gz}	I_{com}	M/Q	N
BOT A_s	2700.000	0.450	0	1	1	0.1	−4820.7
A_{sv}/S	223.103	0.372	0	0	24	848.4	−4970.1
TOP A_s	2700.000	0.450	0	1	1	0.3	−4820.7

6.4 工 程 实 例

某短肢剪力墙结构体系。总层数 25 层，有 1 层地下室，可分 7 个结构标准层和 3 个荷载标准层。7 度设防，3 级抗震等级。图 6-1 是用 SpaSCAD 显示的实体模型。

用 SATWE 计算后，

① 从 WV02Q. OUT 文件中可查到

图 6-1 某短肢剪力墙结构体系的实体模型图

```
*****************************************************************************
              框架柱及短肢墙地震倾覆弯矩百分比
*****************************************************************************
          柱及短肢墙倾覆弯矩 墙倾覆弯矩   柱及短肢墙倾覆弯矩
                                              百分比
x向地震：     275505.2        257858.1       (51.65%)— 超限
y向地震：     134361.4        347349.2       (27.89%)— 满足
```

从上述结果可见，x 向地震作用下柱及短肢墙倾覆力矩超过了结构总底部地震倾覆力矩的 50%。这不能满足短肢剪力墙结构的必要条件，所以这种结构是《高规》不允许的。用户应减少 x 向的短肢墙肢。

② 从配筋文件 WPJ ＊.OUT 中可见短肢墙肢的抗震等级提高一级以及其他的抗震加强措施。

第 7 章　带转换层高层结构的分析

在高层建筑结构的底部，当上部楼层部分竖向构件(剪力墙、框架柱)不能直接连续贯通落地时，应设置结构转换层，在结构转换层布置转换结构构件。当高层建筑上部楼层竖向结构体系与下部楼层差异较大，或者下部楼层竖向结构轴线距离扩大或上、下部结构轴线错位时，就必须在结构改变的楼层布置转换层结构。

底部大空间部分框支剪力墙结构，上部为剪力墙结构，底部数层为落地剪力墙或筒体和支承上部剪力墙的框架组成的协同工作结构体系。这种结构类型由于底部有较大空间，广泛应用于底部为商店、餐厅、车库、机房，上部为住宅、公寓、饭店等高层建筑。

本章主要讲述带转换层高层建筑结构的整体性能控制、内力计算调整、构造要求和使用软件应注意的问题。

7.1　转换结构的计算模型

7.1.1　梁托柱的转换结构

这类转换层结构的计算模型，可以仍采用杆模型。

如结构中采用大量的梁托柱的受力形式，则该结构也应该定义为“复杂高层”及“转换层结构”，其托柱梁应在《特殊构件定义》中定义为“转换梁”，把与托柱梁相连的柱应定义为框支柱。这样定义后，程序自动把转换梁及框架柱按框支梁、框支柱设计及构造控制，且当转换层在 3 层及 3 层以上时，框支柱的抗震等级自动提高 1 级。

7.1.2 框支剪力墙转换结构

《高规》第 10.2.10 条，转换层上部的竖向抗侧力构件(墙、柱)宜直接落在转换层主结构上。当结构竖向布置复杂，框支主梁承托剪力墙(可能也承托转换次梁及其上剪力墙)时，应进行应力分析，按应力校核配筋，并加强配筋构造措施。B 级高度框支剪力墙高层建筑的结构转换层，不宜采用框支主、次梁方案。

框支剪力墙结构宜采用墙元(壳元)模型，如 SATWE、PMSAP 等。

框支托梁的构造应按《高规》的相应要求控制，如托梁上的洞口布置、托梁的腰筋配置等，框支柱、托梁均应在特殊构件中单独定义，否则程序不会按框支柱、托梁进行设计控制。

可以用高精度平面有限元分析程序 FEQ 对主梁托墙的框支榀进行二次应力分析，FEQ 可以按《高规》的要求进行加强部位的应力配筋。次梁托墙的转换榀 FEQ 则无法进行平面应力分析。

7.1.3 厚板转换结构

《高规》第 10.2.1 条，非抗震设计和 6 度抗震设计可采用厚板转换结构，7、8 度抗震设计的地下室转换构件可采用厚板。

由于厚板上下传力的特殊性，整体计算时厚板一定要考虑厚板面外的变形，这样才能使上部结构、厚板、下部结构的变形、内力计算合理。所以说厚板面外变形的正确考虑，决定了计算结果的正确性。厚板平面内可以按无限刚考虑。

SATWE 采用中厚板弯曲单元模拟厚板。

PMSAP 采用应力杂交四边形中厚板单元模拟厚板平面外刚

度和变形(选用“弹性板3”)，当需要时，可用平面应力单元模拟厚板面内的刚度和变形(选用“弹性板6”)。

支撑厚板的柱均应定义为框支柱。

厚板本身的进一步细部分析，可以借助二次分析程序，复杂楼板有限元分析 SLABCAD 完成板的位移、内力、配筋计算以及冲切、应力等验算。

厚板转换层结构用 SATWE、PMSAP 进行结构的整体分析时，建模应注意：

1）厚板转换层不单独设为一层，只视为某一层的楼板。

2）在 PMCAD 建模中应使厚板上、下结构的轴线在厚板这层同时画出，并在轴线上布置 100×100 的虚梁。当虚梁所围成的房间较大时，还应增加虚梁，要充分利用本层柱网和上层柱、墙节点(网格)布置虚梁。通过这种手段来人工细分厚板单元。

3）转换厚板所在的层与其上一层的层高的输入有所改变。将厚板的板厚均分给与其相临两层的层高，如图 7-1 所示，第 i 层有厚度为 B_t 的厚板，在 PMCAD 交互式输入中，第 i 层的板厚输入值为 B_t，层高为 H_i，第 $i+1$ 层的层高为 H_{i+1}。

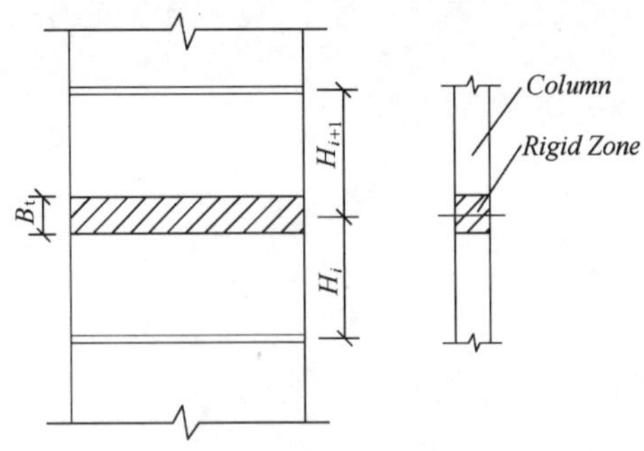

图 7-1　厚板转换层结构层高输入示意图

4）转换厚板必须定义为弹性楼板，可以用“弹性板3”或“弹性板6”。

7.1.4 超大梁转换结构

一般这种超大梁占有一层的高度，分析模型与构件的配筋模型难以统一，所以采用不同计算模型的两次分析来解决问题。

1）梁所占有的一层仍按一层输入，大梁按剪力墙定义。此时可以正确分析整体结构及构件内力，除大梁(用剪力墙输入)的配筋不能用以外，其余构件的配筋均能参考采用。

2）不把大梁作为一层输入，即两层合并为一层。大梁按梁定义，层高为两层之和。这种计算模型仅用于考察、计算大托梁受力、配筋，其余构件及结构整体分析的结果可以不用参考。层高的增加使柱的计算长度增加，此时程序自动考虑柱上端的刚域，亦使结构分析准确。也可以用 FEQ 进一步作转换大梁的二次分析。

7.1.5 桁架转换结构

SATWE、TAT、PMSAP 可直接输入桁架转换结构的转换桁架，完成计算。其分析的关键是桁架上、下层弦杆的轴力，所以在分析时一定要把上、下弦杆所在层的楼板定义成弹性楼板，这样才能计算出上、下弦杆的轴力。

当桁架中斜腹杆的连接比较简单时，如只与上下层节点相连，则用 SATWE、TAT 计算没有问题；当连结复杂时，用 SATWE、TAT 计算时就需要简化。

复杂连接的转换结构可以用 SPASCAD 建模，PMSAP 计算。

7.2 转换结构的设计控制

7.2.1 条文规定及软件操作

《高规》条文：

(1) 表 4.2.2-1 和表 4.2.2-2 关于 A、B 级最大适用高度的规定；

(2) 第 10.2.2 条，在地面以上大空间层数，8 度不宜超过 3 层；7 度不宜超过 5 层；

(3) 第 10.1.2 条 9 度抗震设计，不应采用带转换层结构；

(4) 按表 4.8.2 和表 4.8.3，正确填写结构构件的抗震等级；

(5) 第 10.2.3 条，底部带转换层的高层建筑结构布置有关规定。

上机操作：

(1) 用户在程序的前处理输入的“结构体系”选取“复杂高层”体系，则指明为底部带转换层高层建筑结构。

(2) 用户在程序的前处理输入“转换层所在层号”的输入参数时应遵照《高规》第 10.2.2 条规定。

(3) 用户应按《高规》第 10.2.5 条规定确定抗震等级且在程序的前处理中输入框架、剪力墙的抗震等级。目前剪力墙的抗震等级只有一个数，无法区分底部加强区剪力墙与非底部加强区剪力墙的抗震等级。为此建议用户按底部加强区剪力墙的抗震等级输入，而非底部加强区剪力墙的抗震等级通过‘独立定义构件抗震等级’来完成，这样当转换层的位置设置在 3 层及 3 层以上时程序自动将框支柱、落地剪力墙底部加强部位的抗震等级提高一级采用，已经为特一级时不再提高。注意：不落地剪力墙抗震等级不提高。是否为落地剪力墙由程序自动按上下截面是否对齐来判断。

(4) 注意程序现暂未执行“对于底部带有转换层的框架-核心筒结构和外围为密柱框架的筒中筒结构，其框支柱、剪力墙底部加强部位的抗震等级不必提高(《高规》第 10.2.5 条条文说明)”内容，结果偏于安全。若要严格按此规定执行，用户可用‘指定构件抗震等级’操作设定框支柱、剪力墙底部加强部位的抗震等级，这样被指定过的构件抗震等级不会再自动提高。

设定“底部带转换层高层建筑结构”。

注意：SATWE、TAT 和 PMSAP 目前将“底部带转换层高层建筑结构”包含在“复杂高层结构”中，没有细分。

SATWE

① 进入菜单 1. 接 PM 生成 SATWE 数据→1. 分析与设计参数补充定义→总信息。

② 在“结构体系”框中选取“复杂高层结构”即可。

③ 在“转换层所在层号”项内填入转换层所在的结构自然层号。若有地下室则包括地下室层号在内。

TAT

① 进入菜单 2. 数据检查和图形检查→3. 参数修正→总信息。

② 在“结构类型：”框中选取“复杂高层结构”即可。

③ 进入菜单 2. 数据检查和图形检查→3. 参数修正→调整信息。

④ 在“转换层所在层号”项内转换层填入所在的结构自然层号。若有地下室则包括地下室层号在内。

PMSAP

进入菜单 3. 参数补充与修改→总信息。

① 在“计算总控制信息：”框中“是否复杂高层”项内选取“是”即可。

② 进入菜单 3. 参数补充与修改→计算调整信息。

③ 在“转换层所在层号”项内转换层填入所在的结构自然层号。若有地下室则包括地下室层号在内。

设定“框架、剪力墙的抗震等级”

SATWE

①进入菜单 1. 接 PM 生成 SATWE 数据→1. 分析与设计参

数补充定义→地震信息。

②在“框架抗震等级”项内选择抗震等级。

③在“剪力墙抗震等级”项内选择抗震等级。

TAT

① 进入菜单 2. 数据检查和图形检查→3. 参数修正→地震信息。

② 在“框架抗震等级”项内选择抗震等级。

③ 在“剪力墙抗震等级”项内选择抗震等级。

PMSAP

① 进入菜单 3. 参数补充与修改→地震信息。

② 在“框架抗震等级”项内选择抗震等级。

③ 在“剪力墙抗震等级”项内选择抗震等级。

7.2.2 刚度控制及软件输出

(1) 位移比、周期比

《高规》第 4.3.5 条规定，楼层竖向构件的最大水平位移和层间位移角，A、B 级高度高层建筑均不宜大于该楼层平均值的 1.2 倍；且 A 级高度高层建筑不应大于该楼层平均值的 1.5 倍，B 级高度高层建筑、混合结构高层建筑及复杂高层建筑，不应大于该楼层平均值的 1.4 倍。

《高规》第 4.3.5 条规定，结构扭转为主的第一自振周期 T_t 与平动为主的第一自振周期 T_1 之比，A 级高度高层建筑不应大于 0.9；B 级高度高层建筑、混合结构高层建筑及复杂高层建筑不应大于 0.85。

这是一般高层建筑结构，要满足的；带转换层高层建筑结构也是如此。

(2) 转换层上部与下部结构的侧向刚度比

《高规》第 10.2.3 条 2 款，转换层上部结构与下部结构的侧向刚度比的计算和限值，应符合附录 E 的规定。

结构计算软件，按附录 E 的计算方法，计算了侧刚比。

《高规》第 10.2.3 条 2 款指出转换层上部结构与下部结构的侧向刚度比应符合《高规》附录 E 的规定，即高位转换结构的刚度比。《高规》附录 E 中 E.0.1 是针对转换层位于 1 层的，采用转换层上、下层结构等效剪切刚度比 γ 算法，γ 宜接近 1，限制非抗震设计时 γ 不应大于 3，抗震设计时 γ 不应大于 2。E.0.2 是针对转换层位置大于 1 层的，采用转换层的上部结构与带转换层的下层结构等效侧向刚度比 γ_e 算法，γ_e 宜接近 1，限制非抗震设计时 γ_e 不应大于 2，抗震设计时 γ_e 不应大于 1.3。当转换层设置在 3 层及 3 层以上时转换层本层侧向刚度不应小于相邻上一层楼层侧向刚度的 60%。

上机操作：

(1) 程序给出了三种计算层侧向刚度的方法。它们是方法 1-《高规》附录 E.0.1 的剪切刚度：$K_i=G_iA_i/h_i$，适用于转换层位于 1 层的刚度突变的控制；方法 2-《高规》附录 E.0.2 的方法剪弯刚度：$K_i=V_i/\Delta_i$，适用于转换层位置大于 1 层的刚度突变的控制；方法 3-《抗震规范》的 3.4.2 和 3.4.3 条文说明及《高规》的方法地震剪力与地震层间位移的比：$K_i=Q_i/\Delta_{Ui}$，适用于转换层设置在 3 层及 3 层以上时转换层本层侧向刚度不应小于相邻上一层楼层侧向刚度的 60% 的控制。

(2) 程序计算高位转换结构的刚度比时，若干层的侧向刚度 K 可由楼层 i 的层侧向刚度 K_i 通过公式 $k=1/\sum_i 1/k_i$ 计算求得，所以 $\Delta=1/k$。这样就可应用《高规》E.0.2 公式计算转换层的上部结构与下层结构等效侧向刚度比 γ_e。

(3) 转换层位于 1 层时用户应该采用“剪切刚度”方法计算层刚度，当转换层位置大于 1 层用户应该采用“剪弯刚度”方法计算层刚度，来求转换层上部与下部结构的等效侧向刚度比和判断是否符合《高规》要求。若采用“地震剪力与地震层间位移的比”方法计算层刚度，其求得的转换层上部与下部结构的等效侧向刚度比结果明显偏小，是偏于不安全的。

(4) 转换层设置在 3 层及 3 层以上时用户还要采用“地震剪力与地震层间位移的比”方法再计算一次层刚度，从而进行转换层本层侧向刚度不应小于相邻上一层楼层侧向刚度的 60％的下限控制。目前程序未输出超下限的警告提示。

结果说明：

转换层上、下等效侧向刚度比可在相关文件中查看。用户可对照规范实现转换层上、下刚度突变控制。

(1) SATWE 可在 WMASS. OUT 文件中查看，输出的是用户所选定的层刚度的计算方法得到的结果，如以下所示。

```
==========================
高位转换时转换层上部与下部结构的等效侧向刚度比
==========================
采用的楼层刚度算法：剪弯刚度算法
            转换层所在层号＝2
转换层下部结构起止层号及高度＝1      2      6.80
转换层上部结构起止层号及高度＝3      4      5.40
x 方向下部刚度＝0.3479E＋08   x 方向上部刚度＝0.6446E＋08
x 方向刚度比＝1.4712
y 方向下部刚度＝0.6948E＋08   y 方向上部刚度＝0.7229E＋08
y 方向刚度比＝0.8262
```

(2) TAT 可在 TAT-M. OUT 文件中查看，如以下所示。

```
==========================
          高位转换层结构的刚度比
==========================
```

x 向上部刚度 Stiff _ ux＝0.5552E＋06，x 向下部刚度 Stiff _ downx＝0.1107E＋07

上下刚度比 Ratio＝0.502

y 向上部刚度 Stiff _ uy＝0.5850E＋06，y 向下部刚度 Stiff _ downy＝0.1010E＋07

上下刚度比 Ratio＝0.579

(3) PMSAP 可在工程名 _ TB.RPT（简单摘要）文件中查看，输出的分别是用户选择的层刚度的计算方法得到的结果，如以下所示。

高位转换时转换层上部与下部结构的等效侧向刚度比

转换层所在层号＝　　2

转换层下部结构起止层号及高度＝　　1　　2　　6.80

转换层上部结构起止层号及高度＝　　3　　4　　5.40

x 方向下部刚度＝0.4982E＋07　x 方向上部刚度＝0.1047E＋08

x 方向刚度比＝1.6684

y 方向下部刚度＝0.1126E＋08　y 方向上部刚度＝0.1101E＋08

y 方向刚度比＝0.7766

转换层设置在 3 层及 3 层以上结构的转换层本层侧向刚度与相邻上一层楼层侧向刚度的值可在 WMASS.OUT（SATWE）、TAT-M.OUT（TAT）、工程名 _ TB.RPT（简单摘要）文件中查看，用户可对照规范自己进行转换层本层侧向刚度的下限控制。

7.2.3　剪力墙底部加强部位

《高规》第 10.2.4 条，剪力墙底部加强部位的高度可取框支层加上框支层以上两层的高度及墙肢总高度的 1/8 二者的较大值。

程序按此规定，自动确定剪力墙底部加强部位，并执行与之有关的相应操作。

用户可在 WMASS. OUT 文件中，检查底部加强部位的高度。

例如底层大空间剪力墙结构 34 层，框支层 3 层，WMSS. OUT 文件中有输出：

剪力墙底部加强区信息......................

剪力墙底部加强区层数 IWF= 5

剪力墙底部加强区高度(m) Z _ STRENGTHEN= 22.90

在 TAT、PMSAP 中也是类似。

7.2.4 抗震等级

当转换层位置设置在 3 层或 3 层以上时，框支柱、位于底部加强部位的剪力墙抗震等级宜按《高规》表 4.8.2 和表 4.8.3 规定提高一级采用，已为特一级可不再提高。

对凡是在整体结构抗震等级中定义的，程序自动判断，是否复杂高层，转换层是否在 3 层及以上，而对框支柱，底部加强部位的剪力墙的抗震等级提高一级，对底部加强部位的不落地剪力墙的抗震等级不予提高；而对于在“特殊构件”菜单中用户自行改动了的抗震等级，则不再做调整。最终调整的结果，可在配筋文件中看到，用户可进一步核实。

例如首层第 1 墙柱，原来抗震等级为 1 级，经提高后是特一级。在 WPJ1. OUT 中输出：

$N-W_C=1(i=146, j=251)$，$B\times H\times L_{wc}(m)=0.60\times 0.70\times 5.00$

$aa=40(mm)$，$Nf_w=0$(0 为特一级)，$R_{cw}=40.0$(混凝土强度 C40)

$N=-2946.$，$U_c=0.37$

$(29)M=1209$，$N=-4056$，$A_s=2189$

$(29)V=1197$，$N=-4056$，$A_{sh}=793.2$

7.2.5 薄弱楼层地震剪力放大

《高规》第 10.2.6 条，带转换层高层建筑结构，其薄弱层地震剪力应按《高规》第 5.1.14 条规定乘以 1.15 增大系数。

程序依据 5.1.14 条，检查相邻层刚度比，当楼层抗侧刚度小于其上层 70%，或小于其上相邻三层侧向刚度平均值的 80%，则将该楼层构件的地震内力乘以 1.15。用户可在 WMASS.OUT、TAT-M.OUT 文件中看到薄弱层信息。

7.2.6 楼层最小地震剪力系数控制

《高规》第 3.3.13 条，水平地震作用计算时，结构各楼层对应于地震作用标准值的剪力应符合表 3.3.13 的要求。

程序给出一个控制开关，由设计人员决定是否由程序自动进行调整。若选择由程序自动进行调整，则程序对结构的每一层分别判断，若某一层的剪重比小于规范要求，则相应放大该层的地震作用效应。

最小剪力系数是否自动按规范要求调整由用户自行确定。

当结构的地震作用不满足新规范要求的最小剪力系数时，反映了结构刚度和质量可能不合理分布，一般需要调整结构以使其满足最小剪力系数要求。本参数打开时程序自动调整放大地震作用效应以使其满足最小剪力系数要求，此时用户仍应知道该结构的方案可能是存在缺陷的。

7.2.7 框剪结构、框支结构柱剪力调整

框剪结构的 $0.2Q_0$ 调整

《抗震规范》第 6.2.13 条规定，侧向刚度沿竖向分布基本均匀的框-剪结构，任一层框架部分的地震剪力，不应小于结构底部总地震剪力的 20%和按框-剪结构分析的框架部分各楼层地震剪

力中最大值 1.5 倍二者的较小值。

程序对框剪结构，将依据规范要求进行 $0.2Q_0$ 调整，用户可以指定调整楼层的范围，同时，由于 $0.2Q_0$ 调整可能导致过大的调整系数，所以 TAT、SATWE 和 PMSAP 程序都允许用户对数据文件中的调整系数进行手工修改。

框支柱地震作用下的内力调整

《高规》第 10.2.7 条规定：

1）每层框支柱数目不多于 10 根时，当框支层为 1～2 层时，每根柱所受的剪力应至少取基底剪力的 2%；当框支层为 3 层及 3 层以上时，每根柱所受的剪力应至少取基底剪力的 3%。

2）每层框支柱数目多于 10 根时，当框支层为 1～2 层时，每层框支柱承受剪力之和应取基底剪力的 20%；当框支层为 3 层及 3 层以上时，每层框支柱承受剪力之和应取基底剪力 30%。

框支柱剪力调整后，应相应调整框支柱的弯矩及柱端梁的剪力、弯矩。

《高规》第 4.9.2 条、第 10.2.12 条规定，框支柱在特一级、一、二级抗震时，地震作用产生的轴力分别乘以增大系数 1.8、1.5、1.2。但在计算轴压比时不考虑该增大系数。

SATWE、TAT、PMSAP 在执行本条时，自动对框支柱的弯矩剪力作调整。由于调整系数往往很大，为了避免异常情况，SATWE、TAT 给出一个控制开关，由设计人员决定是否对与框支柱相连的框架梁的弯矩剪力进行相应调整，默认不调；而 PMSAP 无此开关，一律不调。

7.3 转换结构的设计内力调整

7.3.1 梁设计剪力调整

《抗震规范》第 6.2.4 条和《高规》第 6.2.5、7.2.22 条规

定，抗震设计时，特一、一、二、三级的框架梁和抗震墙中跨高比大于 2.5 的连梁，其梁端截面组合的设计剪力值应调整。

带转换层结构的梁构件的剪力，也按此规定进行调整。

7.3.2 转换梁地震内力调整

《抗震规范》第 3.4.3 条规定，当竖向不规则的建筑结构，竖向抗侧力构件不连续时，该构件传递给水平转换构件的地震内力应乘以 1.25～1.5 的增大系数。《高规》第 10.2.23 条规定，转换梁在特一级和一、二级抗震设计时，其在水平地震作用下的内力分别放大 1.8、1.5、1.25 倍。程序按《高规》执行，自动对地震作用下的转换梁内力进行放大。

7.3.3 柱设计内力调整

为了体现抗震设计中强柱弱梁概念设计的要求，《抗震规范》第 6.2.2 条、第 6.2.3 条、第 6.2.6 条、第 6.2.10 条和《高规》第 4.9.2 条规定，抗震设计时，特一、一、二、三级的框支柱的组合设计内力值应调整。调整系数见表 7-1。

框支柱的组合设计内力调整系数 **表 7-1**

抗震等级		特一	一	二	三
框支柱	M	1.8	1.5	1.25	—
	Q	3.024	2.1	1.5	—

注：1. 对于 9 度设防的框架柱和一级抗震等级的框架结构，柱端部弯矩、剪力调整应按实配钢筋和材料强度标准值来计算。程序要求输入的超配系数 η_{As}，并取钢筋超强系数为 1.1，则弯矩调整系数：$\eta_{mc}=1.32\eta_{As}$，剪力调整系数按《抗震规范》第 255 页公式近似计算：$\eta_{vc}=1.2\ [0.15+0.7(0.4762+\eta_{As})]\ \eta_{mc}$。

2. 框支角柱是在框支柱的基础上乘以 1.1 的放大系数。

3. 底层底截面的弯矩、剪力增大系数分别为 1.5、1.4。

7.3.4 框支柱地震内力调整

除了 6.2.7 款及 6.3.3 款对框支柱的调整以外，还要根据《高规》第 10.2.12 条 6 款的规定，对框支柱的地震轴力进行放大，特一级和一、二级抗震设计时，其在水平地震作用下的框支柱轴力分别放大 1.8、1.5、1.25 倍。

7.3.5 剪力墙设计内力调整

《高规》第 7.2.10 条、第 10.2.14 条、第 4.9.2 条规定，抗震设计时，特一、一、二、三级的剪力墙底部加强区和非加强区截面组合的设计内力值应调整。部分框支落地剪力墙在底部加强部位的弯矩调整系数，不同于一般剪力墙结构，见表 7-2。位于非加强部位墙体的弯矩调整系数和位于加强部位或非加强部位墙体的剪力调整系数都与一般剪力墙结构相同。

部分框支落地剪力墙底部加强部位设计弯矩调整系数　　表 7-2

抗震等级	设计弯矩调整系数
特一级	取墙底截面组合弯矩乘 1.8
一级	取墙底截面组合弯矩乘 1.5
二级	取墙底截面组合弯矩乘 1.25
三级	1.0

7.4 转换结构的二次分析

《高规》第 5.1.12 条与第 10.1.1 条条文说明，体型复杂、结构布置复杂(包括带转换层结构)，应采用至少两个不同力学模型的结构分析软件进行整体计算。

《高规》10.1.5条，复杂高层建筑结构中的受力复杂部位，宜进行应力分析，并按应力进行配筋设计校核。

转换层结构应用多个程序、多种手段分析，尤其是关键部位。对框支、厚板等转换层结构应选用 SATWE、PMSAP 这种有二维单元的分析软件。

对转换层结构复杂结构，当结构的空间分析完成后，有时还要进行二次的局部精细化分析，可用 FEQ 这类软件来复核。

7.4.1 高精度平面有限元分析 FEQ

FEQ 主要针对框支剪力墙结构中框支榀的二次分析，当次梁承托剪力墙时，不能用 FEQ 分析。分析时应注意以下几点：

(1) 只能分析主梁承托的框支榀；

(2) 在截取计算榀时，最好全轴线截取，以减少与整体分析时的误差；

(3) 在截取层数时，一般取框支层上部3层；

(4) 转换层结构的整体分析，应选用墙元、壳元模型(SATWE)，这样 FEQ 在传递荷载时更为准确；

(5) FEQ 主要计算框支托梁配筋、剪力墙加强部位的配筋，其他部位、构件的配筋应参考整体分析的结果。

7.4.2 复杂楼板有限元分析 SLABCAD

对于复杂结构的楼板分析，SLABCAD 截取了一层进行单独分析，分析时应注意以下几点：

(1) 复杂楼板分析适用于中厚板、薄板；

(2) 当经过 SATWE 分析后，应注意 SLABCAD 与 SATWE 分析边界条件的一致性，如：边界上梁的约束、柱点的已知位移、梁抬柱时的约束形式等；

(3) 荷载的作用形式的不同。在 SATWE 整体分析时，板上荷载按人工指定的方式传到梁上，而在 SLABCAD 中，荷载直接作用在板上，传递方式与单元划分、板刚度、四周的约束边界条件、梁柱刚度等都有关系。

第 8 章　多塔楼、错层及设缝结构的分析

8.1 概　　述

近年来，随着经济的发展和建筑技术的进步，我国多塔楼结构、错层结构、以及设缝结构越来越多。在全面应用 CAD 软件进行辅助设计并广泛应用新设计规范的今天，如何对这些结构进行分析与设计，是广大设计人员最关心的问题之一。本章从规范的有关规定、计算模型选取、软件的具体实现、应用注意事项等多方面介绍了这类结构的设计计算方法。

8.2 多塔楼结构的设计

8.2.1 针对多塔结构的有关规定

《高规》第 10.6 节对多塔楼结构的平立面布置、抗震设计构造等都给出了明确要求。关于结构布置，第 10.6.1 条规定多塔楼结构各塔楼的层数、平面和刚度宜接近，塔楼对底盘宜对称布置，塔楼结构与底盘结构质心的距离不宜大于底盘相应边长的 20%；第 10.6.2 条规定抗震设计时，转换层不宜设置在底盘屋面的上层塔楼内，否则应采取有效抗震措施。

关于底盘屋面楼板，第 10.6.3 条规定底盘屋面楼板厚度不宜小于 150mm，并应加强配筋构造，底盘屋面上、下层结构的楼

板也应加强构造措施。当底盘屋面为结构转换层时，还应符合第10.2.20条规定：楼板厚度不宜小于180mm，应双层双向配筋，且每层每方向的配筋率不宜小于0.25%，楼板中的钢筋应锚固在边梁或墙体内；落地剪力墙和筒体外围的楼板不宜开洞。楼板边缘和较大洞口周边应设置边梁，其宽度不宜小于板厚的2倍，纵向配筋率不应小于1.0%。钢筋接头宜采用机械连接或焊接。与转换层相邻楼层的楼板也应适当加强。

关于梁、柱、墙，第10.6.4条规定抗震设计时，多塔楼之间裙房连接体的屋面梁应加强，塔楼中与裙房连接体相连的外围柱、剪力墙，从固定端至裙房屋面上一层的高度范围内，柱纵向钢筋的最小配筋率宜适当提高，柱箍筋宜在裙楼屋面上、下层的范围内全高加密，剪力墙宜按第7.2.16条规定设置约束边缘构件。

裙房的抗震等级与裙房和主楼的连接方式有关。《抗震规范》第6.1.3条第2款规定，当裙房与主楼相接时，裙房的抗震等级除应按裙房本身确定外，还不应低于主楼的抗震等级，主楼结构在裙房顶层及相邻上下各一层应适当加强抗震构造措施；当裙房与主楼脱离时，应按裙房本身确定抗震等级。

8.2.2 多塔结构的特点

多塔楼结构具有两个突出特点，其一是每个塔楼都有独立的迎风面，在计算风荷载时，不考虑各塔楼的相互影响；其二是每个塔楼都有独立的变形，各塔楼的变形仅与塔楼本身因素、与底盘的连接关系和底盘的受力特性有关，各塔楼之间没有直接影响，但都通过底盘间接影响其他塔楼。

在工程应用中，我们经常采用“刚性楼板”假定。“刚性楼板”和塔楼之间既有区别，又有联系，每块“刚性楼板”有独立的变形，但不一定有独立的迎风面，只有在某个塔楼范围内全部采用“刚性楼板”假定时，该塔楼在该层所承受的风荷载与该块“刚性楼板”所承受的风荷载相同。此外，“塔楼”和“刚性楼板”之间不存在一一对应关系，一个塔楼中可以有一块或多块刚性楼板，也可以没有刚性楼板(没有楼板或定义成弹性楼板)。

8.2.3 多塔结构计算模型

对于多塔楼结构，通常采用的计算模型有两种，其一是将各塔楼离散开，分别计算，可以称之为“离散模型”，其二是把各塔楼连同底盘综合在一起，作为一个结构整体参加计算，可以称之为“整体模型”。这两种模型的程序实现及应用注意事项如下。

(1) 位移比、周期比控制计算模型

《高规》第 4.3.5 条规定，结构平面布置应减少扭转的影响。在考虑偶然偏心影响的地震作用下，楼层竖向构件的最大水平位移和层间位移，A 级高度高层建筑不宜大于该楼层平均值的 1.2 倍，不应大于该楼层平均值的 1.5 倍，B 级高度高层建筑、混合结构高层建筑，不宜大于该楼层平均值的 1.2 倍，不应大于该楼层平均值的 1.4 倍。结构扭转为主的第一自振周期 T_t 与平动为主的第一自振周期 T_1 之比，A 级高度高层建筑不应大于 0.9；B 级高度高层建筑、混合结构高层建筑，及复杂高层建筑不应大于 0.85。

位移比控制要求在“刚性楼板”假定条件下计算。位移比控制计算应考虑各塔楼之间的相互影响，应将各塔楼连同底盘作为一个完整的系统进行分析，即采用“整体模型”，每层每个塔为一块刚性楼板，同一层各塔楼的刚性楼板相互独立。针对每层每个塔分别统计竖向构件的最大水平位移和层间位移、最小水平位移和层间位移，然后计算每层每个塔的平均水平位移和平均层间位移，最后计算每层每个塔的最大水平位移与平均水平位移的比值、最大层间位移与平均层间位移的比值。

周期比控制也要求在“刚性楼板”假定条件下计算。在周期比计算中涉及到每个振型的平动因子和扭转因子计算，从理论上讲，也应该采用整体模型，但在目前条件下，平动因子和扭转因子计算只能针对非多塔楼结构进行，所以，对于多塔结构，目前只能人为地近似分割成一个个单塔结构，即采用“离散模型”。对每个分割开的单塔结构按“刚性楼板”假定进行分析并判断周期比。

周期比控制计算和位移比控制计算虽然都要求在刚性楼板假定条件下进行，但上述建议的计算模型不同，其原因是目前没有计算多塔情况下每个振型的平动因子和扭转因子的方法，在周期比控制计算中只好暂时近似地采用离散模型，其直接结果是增加了设计人员的计算工作量。为了提高效率，作为近似估算，在方案阶段位移比控制计算也可采用离散模型，与周期比控制计算相同，这样通过一次模型近似离散和一次计算，就可以同时近似得到周期比控制计算结果和位移比控制计算结果。当然这是暂时的建议，待条件成熟，有了计算多塔情况下每个振型的平动因子和扭转因子的方法时，可以都采用刚性楼板条件下的整体模型。

(2) 构件内力计算模型

在构件内力分析和截面设计计算中，要尽可能按照结构的真实情况进行结构分析。《抗震规范》第 3.4.3 条第 1 款的第 2 项规定，凸凹不规则或楼板局部不连续时，应采用符合楼板平面内实际刚度变化的计算模型，当平面不对称时，尚应计及扭转影响。《高规》第 4.3.6 条规定，当楼板平面比较长、有较大的凹入和开洞而使楼板有较大削弱时，应在设计中考虑楼板削弱产生的不利影响。

按照上述规定，在构件内力分析和截面设计计算中，要尽量真实地考虑结构系统的特性。对于多塔结构，应将各塔楼连同底盘作为一个完整的系统进行分析，即采用“整体模型”，同时，楼板也应根据具体情况需要，采用合适的假定。这样，可以比较真实地考虑各塔楼对底盘的影响、底盘对各塔楼影响、已及各塔楼通过底盘对其他塔楼的影响，这与周期比和位移比控制计算时采用的模型有很大区别。

8.2.4 多塔结构补充定义

软件提供一项补充输入菜单，通过这项菜单，可补充定义结构的多塔信息。对于一个非多塔结构，可跳过此项菜单，直接执行“生成SATWE数据文件”菜单，程序隐含规定该工程为非多塔结构。对于多塔结构，一旦执行过本项菜单，补充输入的多塔信息将被存放在硬盘当前目录名为SAT _ TOW.PM的文件中，以后再启动SATWE的前处理文件时，程序会自动读入以前定义的多塔信息。若想取消已经对一个工程做出的补充定义，可简单地将SAT _ TOW.PM文件删掉。SAT _ TOW.PM文件中的信息与PMCAD的第1项菜单密切相关，若经PMCAD的第1项菜单对一个工程的某一标准层布置作过修改，则应相应地修改(或复核一下)补充定义的多塔信息，其他标准层的多塔信息不变。

点取“多塔结构补充定义”菜单后，程序在屏幕上绘出结构首层平面简图。若以前执行过“多塔结构补充定义”菜单，则程序会提问：“是否保留以前定义的多塔信息(是/[Enter]/否[Esc])?”，若按[Enter]键则把以前补充输入的多塔信息保留下来，若按[Esc]键，则把以前补充输入的多塔信息删除掉。

“多塔结构补充定义”的子菜单如图8-1所示。

(1) 换层显示

点取这项菜单后，程序会在右侧菜单区显示如下菜单，右侧菜单区的每一项都有3个数，这三个数分别为结构的层号、该层所属的几何标准层号和荷载标准层号，按[Esc]键可退出这项菜单，若选取某一层，则程序会显示该层的简图。

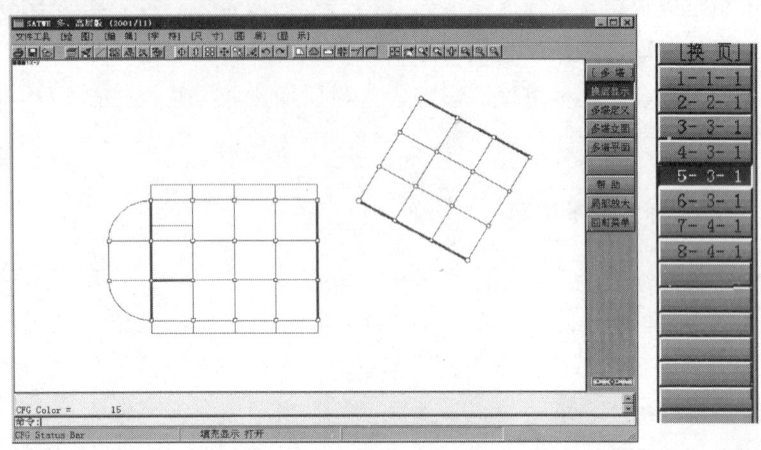

图 8-1 多塔结构定义菜单

（2）多塔定义

通过这项菜单可定义多塔信息，点取这项菜单后，程序要求用户在提示区输入定义多塔的起始层号、终止层号和塔数，然后程序要求用户以闭合折线围区的方法依次指定各塔的范围。建议以最高的塔命名为一号塔，次之为二号塔，依此类推，如图 8-2

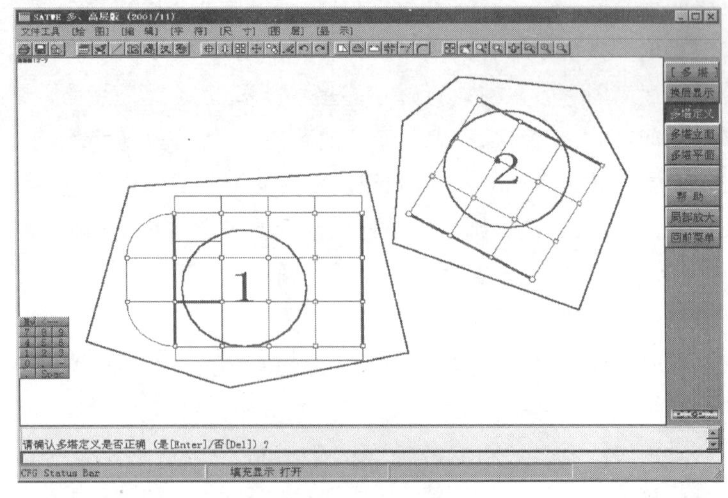

图 8-2 多塔编号

所示。依次指定完各塔的范围后，程序再次让用户确认多塔定义是否正确，若正确可按［ENTER］键，否则可按［Esc］键，再重新定义多塔。对于一个复杂工程，立面可能变化较大，可多次反复执行“多塔定义”菜单，每次可以定义一层，也可以定义多层，直至完成整个结构的多塔定义。

(3) 多塔立面

通过这项菜单可显示多塔结构各塔的关联简图，如图 8-3 所示。还可显示或修改各塔的有关参数，其 1～6 项子菜单的功能是显示各层各塔的层高、梁、柱、墙和楼板的混凝土强度等级以及钢构件的钢号。通过第 7 项菜单可修改上述参数，这样可实现不同的楼层、不同的塔楼有各自不同的层高和不同的混凝土强度等级。

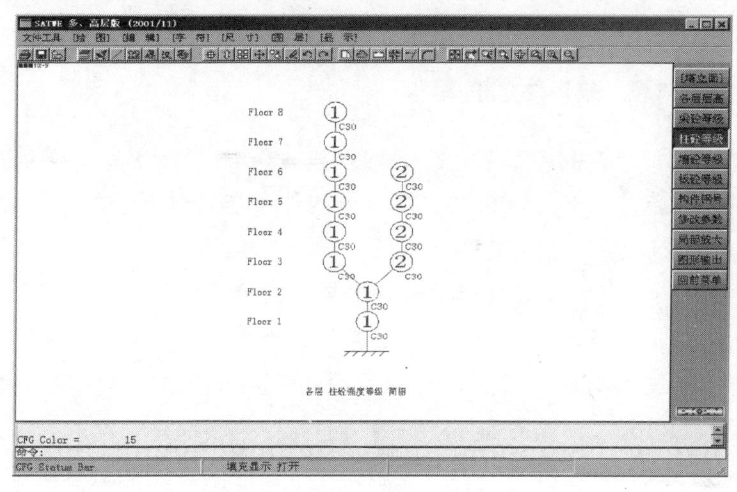

图 8-3　多塔立面

(4) 多塔平面

通过这项菜单，可复核各层多塔定义是否正确。

8.2.5　程序实现

(1) 在风荷载导算中，根据多塔信息搜索每个塔楼的 x、y 方向迎风面，对每个塔楼分别计算其相应的风荷载；

（2）在考虑偶然偏心的地震作用计算中，每个塔楼的质量偏移值取垂直于地震作用方向的该塔楼总长度的5%；

（3）在质心坐标计算中，根据多塔信息分别计算各塔楼的质心坐标；

（4）在层刚度比计算中，根据多塔信息分别计算各塔楼的层刚度比；

（5）在风和地震作用剪力、倾覆弯矩计算中，对每层每个塔楼分别统计；

（6）在楼层最大位移和最小位移比计算中，对每层每个塔楼分别统计；

（7）上述计算结果都按每层每个塔楼分别输出。

8.2.6 应用注意事项

（1）在多塔定义过程中，围区定义操作要特别注意，各塔楼的围区范围线框可以重叠，但一个构件不能同时属于两个塔楼，同时也不允许有的构件不属于任何一个塔楼。

（2）对于一个多塔楼结构，如果没给出多塔定义，程序将自动对塔楼编号，设定裙房及各塔楼每层楼板为刚性楼板，按非塔楼结构进行计算，此时，结构的周期、不考虑偶然偏心的地震力、以及恒、活荷载作用下的内力和相应位移都是正确的，但风荷载及相应的位移不对，可能偏大，也可能偏小。平动周期和扭转周期判断、楼层最大位移和最小位移比、以及楼层刚度比也不对。

（3）采用“整体模型”将各塔楼连同底盘作为一个完整的系统进行分析，所得的结构周期是整个结构系统的周期，一般情况下难以区分到底是哪个塔楼的周期。而周期比和位移比控制计算时，采用“离散模型”将各塔楼分割开分别计算所得的周期，可以近似认为是每个塔楼的周期。

8.3 错层结构设计

8.3.1 针对错层结构的有关规定

《高规》第10.4节对错层结构的平立面布置、抗震设计构造等都给出了明确要求。

关于结构布置，第10.4.1条规定，抗震设计时高层建筑宜避免错层。当房屋不同部位因功能不同而使楼层错层时，宜采用防震缝划分为独立的结构单元。第10.4.2条规定，错层两侧宜采用结构布置和侧移刚度相近的结构体系。

关于计算模型，第10.4.3条规定，错层结构中，错开的楼层应各自参加结构整体计算，不应归并为一层计算。

关于错层柱、墙构造，第10.4.4条规定，错层处框架柱的截面高度不应小于600mm，混凝土强度等级不应低于C30，抗震等级应提高一级采用，箍筋应全柱段加密。第10.4.5条规定，错层处平面外受力的剪力墙，其截面厚度，非抗震设计时不应小于200mm，抗震设计时不应小于250mm，并均应设置与之垂直的墙肢或扶壁柱；抗震等级应提高一级采用。错层处剪力墙的混凝土强度等级不应低于C30，水平和竖向分布钢筋的配筋率，非抗震设计时不应低于0.3%，抗震设计时不应低于0.5%。

8.3.2 错层结构的模型输入

当错层高度不大于框架梁的截面高度时，一般可以近似地忽略错层因素影响，可以归并为同一楼层参加结构计算，这一楼层的标高可近似取两部分楼面标高的平均值；当错层高度大于框架梁的截面高度时，各部分楼板应作为独立楼层参加整体计算，不宜归并为一层，此时每一个错层部分都应视为独立楼层。计算模型输入规则如下：

(1) 对于框架错层结构，在 PMCAD 数据输入中，可通过给定梁两端节点高，来实现错层梁或斜梁的布置，SATWE 前处理菜单会自动处理梁柱在不同高度的相交问题。

(2) 对于剪力墙错层结构，在 PMCAD 数据输入中，结构层的划分原则是“以楼板为界”，如图 8-4 所示，底盘错层部分(图中画虚线的部分)被人为地分开，这样，底盘虽然只有两层，但要按三层输入。

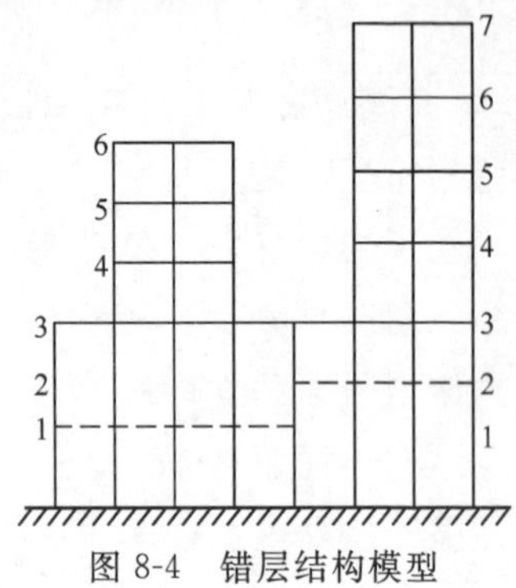

图 8-4 错层结构模型

(3) 对于图 8-4 中底盘以上的双塔部分，可采取两种方式处理，其一是按错层处理，但按错层处理工作量大，效率低，其二是利用 SATWE 的多塔楼功能，由于在 SATWE 的数据结构中，多塔结构允许同一层的各塔有其自己独立的层高，所以，可按非错层结构输入，结构层的划分如图所示，只是在“多塔、错层定义”时要给各塔赋予不同的层高。这样数据输入效率和计算效率都很高。

8.3.3 错层结构的特点与程序实现

错层结构的突出特点是在同一楼层平面内，部分区域有楼板，部分区域没楼板，在没有楼板的区域内，有些竖向构件(柱、墙)可能与梁连接，也可能是越层构件。在该区域内构件的内力和位移与楼板无关。

SATWE 软件自动将错层构件在楼层平面内的节点设为独立的弹性节点，不受楼板计算假定限制，因而能更真实地反应结构的实际受力状态。对于错层结构，程序判断柱和墙是否越层的原则是：既不和梁相连，又不和楼板相连。程序自动按上述原则搜索出越层信息，无需用户交互操作。

错层处框架柱和平面外受力的剪力墙，其抗震等级的提高需要设计人员交互定义，程序没有自动处理。

在错层结构设计计算中，越层柱计算长度系数的确定应受到足够重视。有些柱两个方向的计算长度不同，STAWE、TAT 的越层柱搜索功能，确保了在越层范围内越层柱每个截面的计算长度相同。

8.3.4 应用注意事项

在错层结构的数据输入中，一定要注意，错层部分若没有楼板，切不可人为地输入假想的楼板，否则将影响软件的搜索规则，影响柱的计算长度。

8.4 设“缝”结构的设计

8.4.1 有关规定

这里所说的“缝”主要指伸缩缝、沉降缝和防震缝。伸缩缝是为了防止超长结构因混凝土干燥收缩和热胀冷缩而导致可能的开裂所采取的一种措施。《混凝土规范》第 9.1.1 条规定了各类钢筋混凝土结构伸缩缝的最大间距。沉降缝的作用是防止地基不均匀沉降时可能造成破坏所采取的一种措施。在沉降缝处上部结构应连同基础一起断开，缝内一般不填充材料。当必须填充时，应防止缝两侧因结构内倾而相互挤压影响沉降效果。《建筑地基基础设计规范》对建筑物沉降缝的设置位置和房屋沉降缝的宽度都给出了具体规定。对于防震缝，《抗震规范》第 3.4.5 条规定，体形复杂、平立面特别不规则的建筑结构，可按实际需要在适当部位设置防震缝，形成多个较为规则的抗侧力结构单元。《高规》第 4.3.9 条规定，高层建筑宜调整平面形状和结构布置，避免结构不规则，不设防震缝。当建筑平面形状复杂而又无法调整其平面形状和结构布置使之成为较规则的结构时，宜设置防震缝将其划分成较为简单的几个结构单元。需要设置防震缝时，防震缝应根据抗震设防烈度、结构材料种类、结构类型、结构单元的高度和高差等具体情况，留有足够的宽度，其两侧的上部结构应完全分开。《高规》第 4.3.10 条和《抗震规范》第 6.1.4 条对防震缝的宽度和防震缝两侧结构布置给出了具体规定。

8.4.2 结构特点

仅就上部结构而言，“缝”将结构划分成几个较为规则的抗侧力结构单元，各结构单元之间完全分开。所以，各结构单元有独立的变形，若忽略基础变形的影响，各单元之间相对独立。这一点与多塔楼结构不同，多塔楼结构的各塔通过底盘相互发生影响。

由于缝的宽度不是很大，在风荷载作用下，各结构单元的迎风面与多塔楼的迎风面不同，缝隙面不是迎风面。

8.4.3 计算模型与程序实现

对于设缝结构，通常采用的计算模型有两种：其一是将各结构单元离散开，分别计算，可以称之为“离散模型”；其二是把各结构单元综合在一起，作为一个结构整体参加计算，可以称之为“整体模型”。对于这两种模型的程序实现及应用注意事项如下。

(1) 离散模型

仅就上部结构而言，任何设缝结构都可以采用离散模型对每个结构单元逐一进行设计计算。此时，除与风荷载有关的计算结果外，其他所有结果都是对的。这是因为在计算风荷载作用时，程序把缝所在的面也作为迎风面，该方向的风荷载计算值偏大。在具体工程设计中，若不是风荷载控制，可以不用做特殊处理，设计结果略保守一点，一般可以接受；若风荷载是控制作用，而直接采用设计结果，可能过于保守，此时可以交互修改该方向的风荷载值，使之与工程实际相符。在按照《高规》第 4.3.5 条规定验算周期比时，在目前条件下一定要采用离散模型的分析结果。

采用离散模型也有其不便之处。在绘制平面施工图时，不便于整个楼层绘制，只能手工拼图；在绘制梁柱施工图时，无法自动完成整层或全楼归并；在传递基础设计荷载时，不能同时传递整个上部结构的荷载。

(2) 整体模型

在采用整体模型时，要把每个结构单元定义成多塔楼，程序采用多塔楼结构计算模型进行设计计算。此时，要注意的有两点：一是计算振型数要取得足够多，使整个结构系统的有效质量系数在 90%以上；二是风荷载偏大，其原因与处理方法与采用“离散模型”的相同。采用整体模型的计算结果除“周期比”验算指标外都是对的。

与离散模型相反，采用整体模型时，在绘制平面施工图、梁柱施工图，以及传递基础设计荷载时都比较方便。

8.5 结构顶部小塔楼的设计

在多、高层建筑的顶部，经常有突出屋面的电梯间、水箱间等高度较小的小塔楼，在广播、通讯、电力调度等高层建筑顶部，常设有细高的塔楼，这些塔楼的高度可能超过主体建筑的

1/4，而且层数可能也较多。对于这类结构，《抗震规范》第5.2.4条规定，采用基底剪力法时，突出屋面的屋顶间、女儿墙、烟筒等的地震作用效应，宜乘以增大系数3，此增大系数不应往下传递，但与该突出部分相连的构件应予计入；采用振型分解法时，突出屋面部分可以作为一个质点。《高规》第3.3.10条和第3.3.11条建议，小塔楼宜每层作为一个质点参与计算。

按照上述规定，在结构建模时应将小塔楼作为结构的一部分输入，在采用振型分解法计算地震作用时，计算振型数应适当多取一些，使有效质量系数在90%以上，此时计算的地震作用无需再放大。

程序设计参数中的“顶塔楼地震力放大起算层号”和“放大系数”两参数的隐含值都为零，一般情况下都不用修改，即不放大顶塔楼的地震作用。只有特殊工程需要额外放大时，才需要修改上述两参数。

第 9 章　多高层结构的弹塑性分析

“三水准抗震设防，两阶段抗震设计”是我国现阶段的基本抗震设计思想。与“大震不倒”的第三水准设防目标相对应，需要对建筑结构进行第二阶段的抗震设计，即需要对一些规范所规定的建筑结构进行罕遇地震作用下的弹塑性阶段变形验算。

9.1　结构弹塑性分析的规范要求

目前主要有三本现行规范涉及到罕遇地震作用下建筑结构的弹塑性设计：

1.《建筑抗震设计规范》(GB 50011—2001)

2.《高层建筑混凝土结构技术规程》(JGJ 3—2002)

3.《高层民用建筑钢结构技术规程》(JGJ 99—98)

这几本规范中对于弹塑性阶段设计均有着较为明确的规定，例如《建筑抗震设计规范》(GB 50011—2001)第 3.4.3 条、第 3.6.2 条、第 5.1.2 条、第 5.5.2 条、第 5.5.3 条、第 5.5.4 条、第 5.5.5 条中均涉及到了罕遇地震作用下的弹塑性阶段变形验算。

《抗震规范》第 3.6.2 条规定：“不规则且具有明显薄弱部位可能导致地震时严重破坏的建筑结构，应按本规范有关规定进行罕遇地震作用下的弹塑性变形分析。”

《抗震规范》第 5.5.2 条规定了何种结构“应”或“宜”进行罕遇地震作用下薄弱层的弹塑性变形验算。

1. 下列结构应进行弹塑性变形验算：

(1) 8 度Ⅲ、Ⅳ类场地和 9 度时，高大的单层钢筋混凝土柱厂房的横向排架；

(2) 7～9 度时楼层屈服强度系数小于 0.5 的钢筋混凝土框架结构；

注："楼层屈服强度系数"参见 SATWE 计算结果文件 SAT-K.OUT

(3) 高度大于 150m 的钢结构；

(4) 甲类建筑和 9 度时乙类建筑中的钢筋混凝土结构和钢结构；

(5) 采用隔震和消能减震设计的结构。

2. 下列结构宜进行弹塑性变形验算：

(1) 表 5.1.2-1 所列高度范围且属于表 3.4.2-2 所列竖向不规则类型的高层建筑结构；

(2) 7 度Ⅲ、Ⅳ类场地和 8 度乙类建筑中的钢筋混凝土结构和钢结构；

(3) 板柱-抗震墙结构和底部框架砖房；

(4) 高度不大于 150m 的高层钢结构。

对于罕遇地震作用下的结构弹塑性变形验算的方法，《抗震规范》第 5.5.3 条给出了明确规定：不超过 12 层且层刚度无突变的钢筋混凝土框架结构、单层钢筋混凝土柱厂房可采用简化分析方法；除此以外的其他建筑结构，均可采用弹塑性时程分析方法或静力弹塑性(推覆)分析方法。

可见对于大量的已建、在建和拟建的建筑结构，尤其是高层、超高层建筑结构，进行弹塑性阶段抗震分析是十分必要的。

9.2 弹塑性分析软件 EPDA&EPSA 简介

目前，设计人员可用于建筑结构弹塑性分析的计算工具是十分有限的，所以一般只能选用通用有限元分析软件来进行结构的弹塑性计算。通用有限元软件有其自身的优势，如计算功能强大、计算性能相对稳定，用于特别重要结构的分析还是可以考虑的，但对于大多数建筑结构的设计、校核而言还是显得过于复杂，而且对于一些建筑结构所特有的复杂性而言，通用有限元软件未必能够做到简单、适用、可靠。

经过几年的努力，中国建筑科学研究院 PKPM CAD 工程部在原有的线弹性分析程序的基础上，对建筑结构弹塑性分析软件进行了探索研究，适应规范要求推出了建筑结构弹塑性动力、静力分析软件 EPDA&EPSA。目前的 EPDA&EPSA 软件提供了两种空间模型弹塑性分析方法：一种是弹塑性动力时程分析方法 EPDA(Elastic and Plastic Time-history Dynamic Analysis)；另一种是弹塑性静力分析方法 EPSA(Elastic and Plastic Static Analysis)，即通常所说的静力推覆分析方法(Push-Over Analysis)。

EPDA&EPSA 程序具备如下特点：

(1) 完全空间化的计算模型。EPDA&EPSA 程序是完全基于空间模型而设计的，尽量做到计算模型能够真实地模拟结构的实际受力状态，最大限度地避免了计算模型所带来的计算误差。

(2) 前、后处理功能强，自动读取 PMCAD 的几何信息、荷载信息，SATWE、TAT、PMSAP 软件模块的设计分析结果，对钢筋混凝土构件，自动读取计算配筋，用户可以交互修改生成实配钢筋；充分利用了 PKPM 系列软件的 CFG 图形操作功能。

(3) EPDA&EPSA 程序不但提供了弹塑性时程分析功能，而且提供了静力弹塑性分析功能。一些渐趋成熟的罕遇地震分析方法和近年来成为研究热点的罕遇地震分析方法均得到一定程度的体现。

(4) EPDA&EPSA 程序所提供的材料本构关系力求做到准确和符合中国规范。钢材的本构关系采用双折线的弹塑性本构关系，用户可以自由控制塑性阶段的杨氏模量折减。混凝土的本构关系给出了双折线和三折线两种形式，可以考虑材料的受拉开裂、裂缝闭合、压碎退出工作等混凝土材料所特有的复杂特性；其中的三折线滞回本构关系是按照我国现行混凝土规范采用等能量方法得到的，有着较高的拟合精度。

(5) EPDA&EPSA 程序采用了目前阶段可以使用的较为先进的梁单元模型。梁、柱、支撑等一维构件采用纤维束模型模拟，纤维束模型的适用性好，不受截面形式和材料限制，被认为是一种较为精确的杆系有限单元模型。EPDA&EPSA 程序中通过综合提高程序计算效率，较好地避免了该模型计算工作量大的问题；同时，程序中给出了直观的杆系单元端部塑性铰判断方法。

(6) 剪力墙的弹塑性性质模拟是混凝土结构弹塑性分析的难题。EPDA&EPSA 程序将 SATWE、TAT、PMSAP 程序中使用的弹性墙单元进行了推广，考虑其弹塑性性质，使用弹塑性墙单元来模拟剪力墙的弹塑性性质。这种单元计算效率高、精度好，可以较真实地分析和显示剪力墙的弹塑性状态，相对于一些简化的墙单元弹塑性性质考虑方法有着明显的优势。

(7) 为了提高程序的计算效率，EPDA&EPSA 程序的线性方程组解法在给出了通常的 LDLT 解法的同时，还给出了波前法和两种较为高效的有预处理功能的共轭斜量法(PCG)解法，用于结构的静、动力弹塑性分析，使得程序的求解效率明显提高。

(8) 弹塑性时程分析时的动力微分方程组解法给出了 Newmark-β 法和 Wilson-θ 法两种直接积分方法；非线性方程组的解法采用增量法与 Newton-Raphson 或 modified Newton-Raphson 方法相结合。

(9) 静力弹塑性分析程序 EPSA 可以很好的解决病态方程的求解问题，程序可以计算到荷载——位移曲线的下降段。

(10) EPDA&EPSA 程序可以考虑 P-Δ 效应影响。

9.3　弹塑性动力分析软件 EPDA 功能实现

EPDA 程序不需要任何附加的建模工作，就可以从 SATWE、TAT、PMSAP 程序继承得到弹塑性分析模型。用户只需确定且输入相关的弹塑性分析参数就可以进行结构的弹塑性分析。

弹塑性动力分析程序 EPDA 的参数选择的对话框如图 9-1 所示，从中用户可以看出 EPDA 程序的基本功能。在此将主要参数进行如下说明，详细的参数讲解见 EPDA&EPSA 用户手册。

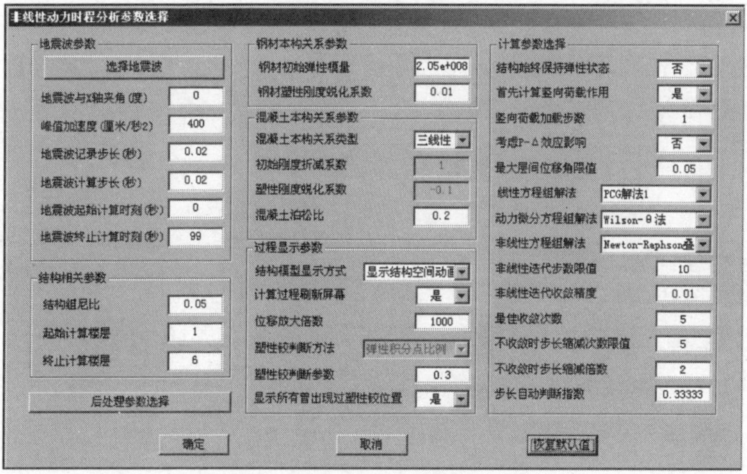

图 9-1　EPDA 参数选择对话框

从图 9-1 中可以看出，需要用户干预的参数包括六个部分：

(1) 地震波相关参数

点击“选择地震波”按钮时，程序弹出“选择地震波”对话框，用户可以根据实际情况选取需要计算的地震波及相关参数。

(2) 结构模型相关参数

“起始计算楼层”：有些结构存在着大底盘裙房或地下室，当用户确认这些结构对上部结构有较大的嵌固作用并基本上保持弹性状态时，可以通过输入起始计算楼层来去掉这些楼层，减小计算工作量。

“终止计算楼层”：有些结构的顶部存在着小塔楼、桅杆等结构，用户可以通过输入去掉这些附属结构，避免计算时出现弹塑性发展严重，程序计算难以收敛的情况。

(3) 材料本构关系参数

EPDA 动力弹塑性时程分析中给出了混凝土和钢材(钢筋)两种材料的滞回本构关系，其中钢的本构关系采用了双线性的本构关系；混凝土给出了双线性和三线性两种本构关系。

“混凝土本构关系类型”：用户可以选择“双线性模型”和“三线性模型”两种混凝土本构关系。

(4) 过程显示参数

“结构模型显示方式”：由于 EPDA 的计算时间较长，所以程序提供了三种过程显示方式，包括“显示地震波进程”，“显示结构空间动画”和“显示楼层平均位移”。

“位移放大倍数”：在选择“显示结构空间动画”和“显示楼层平均位移”时的结构位移放大倍数。由于程序中的位移量纲是“m”，所以需要将位移放大一定的倍数才能清楚地看到结构的变形状态。当用户选择的放大倍数不合适时，可能造成显示的结果异常，如多塔结构相互嵌入，剪力墙交叉扭曲等情况，此时将放大倍数减小即可正常显示。

“塑性铰判断方法”：目前软件中只给出了“弹性积分点比例”判断杆系构件的塑性铰的方法。该方法是按照构件截面的积分点仍然保持弹性的比例来判断构件的端部是否出现塑性铰。

“塑性铰判断参数”：该参数与“塑性铰判断方法”相对应，填入 0.0～1.0 之间的一个数值，缺省值为 0.3。当通过“弹性积分点比例”判断塑性铰时，如果填入“0.3”表示“只有不大于

30%的端截面积分点保持弹性时就认为该端截面出现了塑性铰”。

“显示所有曾出现过塑性铰位置”：结构中的杆系构件在某一时间步之前可能曾经出现过塑性铰，如果希望显示在改时间步之前所有出现塑性铰的位置，选择“是”。此时曾出现塑性铰的位置用黄颜色表示，当前时间步的塑性铰用红颜色表示。

(5) 计算相关参数

“结构始终保持弹性状态”：如果选择“是”，则不考虑钢和混凝土材料的弹塑性性质，将结构强制在弹性状态；如果选择“否”，则考虑钢和混凝土材料的弹塑性性质。通过更改此参数，用户可以实现弹性时程分析与弹塑性时程分析的转换。用户还可以将 EPDA 程序的弹性时程分析结果与 PKPM 系列的 SATWE、TAT、PMSAP 中含有的弹性动力分析程序的计算结果进行对照，确保 EPDA 程序分析可靠(需注意的是，使用不同软件进行弹性分析对比时，所采用的地震波峰值加速度应该保持一致)。

“首先计算竖向荷载作用”：当首先将已有的竖向荷载作用于结构，然后才进行地震波时程分析时，选择“是”；当不计算竖向荷载作用，直接进行地震波时程分析时，选择“否”。

“竖向荷载加载步数”：该参数指定了施加竖向荷载的细分步数。通常的结构由于竖向荷载不大，该参数取“1”即可；但当竖向荷载作用下结构会发展较大的弹塑性变形时，应作适当细分，增加加载步数，防止计算不收敛情况。仅当“首先计算竖向荷载作用”时该参数起作用。

“考虑 P-Δ 效应影响”：当结构比较“高”、“柔”时，尤其是高层钢结构建筑应考虑 P-Δ 效应影响。EPDA 程序中考虑 P-Δ 效应的方法说明详见技术条件。

“最大层间位移角限值”：EPDA 程序计算结束的判定条件。当填入“0.05”时，表示当计算的层间位移角大于“1/20”时程序自动退出，不再继续计算。

“线性方程组解法”：目前程序提供了“LDLT 解法”、“PCG 解法 1”、“PCG 解法 2”等三种线性方程组求解方法，缺省的解法为 PCG 解法 1。目前“LDLT 解法”没有进行分块求解，所以只能用于自由度数较少的结构，而且其计算速度要明显慢于后两种方法，建议用户采用后两种方法进行计算。

“动力微分方程组解法”：目前程序提供给用户两种求解动力微分方程组的方法，Wilson-θ 法和 Newmark-β 法。这两种方法的计算结果差别不大，用户可根据需要选择。

“非线性方程组解法”：程序提供了两种求解非线性方程组的迭代方法，Newton-Raphson 迭代和 modified Newton-Raphson 迭代。这两种方法的迭代次数和适用条件是不同的。对于混凝土结构一般建议采用 Newton-Raphson 迭代进行计算。

“非线性迭代步数限值”：该限值规定了非线性迭代的最多次数。当达到该步数限值时，如果还没有收敛，需要缩短步长进行计算。该值不宜取得过大，“10”左右比较合适，否则会明显增加计算时间。

“非线性迭代收敛精度”：EPDA 程序衡量非线性迭代是否收敛的依据是“不平衡力向量范数”，缺省值为 0.01。一般认为 0.01～0.001 左右的精度是可以满足工程要求的。该值不宜取得过小，否则程序将难以收敛。

(6) 后处理参数

当用户点击“后处理参数选择”按钮时，将进入“后处理相关输出选项”对话框。用户可以在此选择后处理需要输出的计算结果内容。

EPDA 程序可以在计算过程中实时显示结构的变形和弹塑性发展状态，如图 9-2 所示。

弹塑性动力分析完成后，用户可以通过菜单③查看弹塑性动力时程分析结果以图形和文本等方式了解结构的弹塑性动力分析

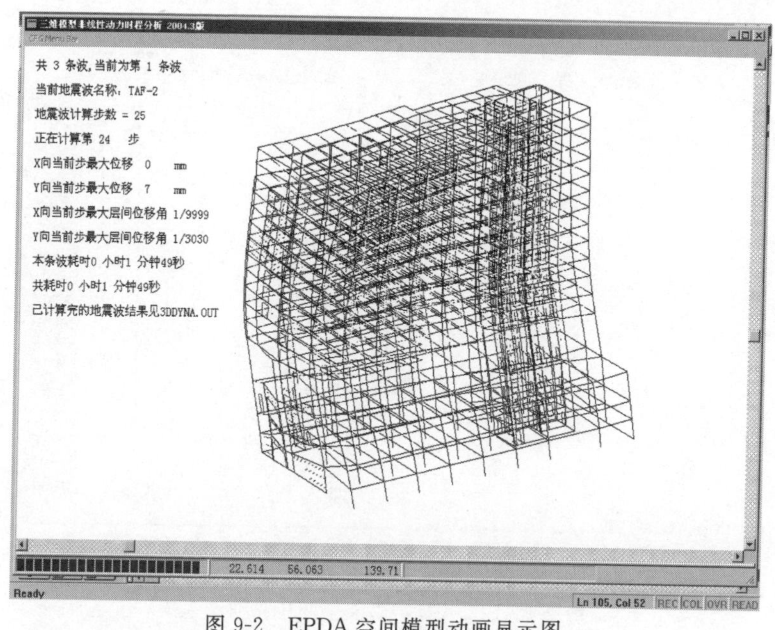

图 9-2 EPDA 空间模型动画显示图

结果，如图 9-3 所示。

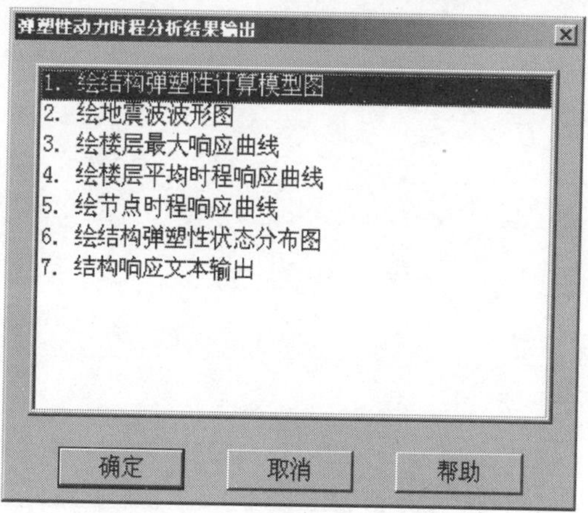

图 9-3 EPDA 后处理主菜单

用户比较关心的最大楼层层间位移角分布如图 9-4 所示。

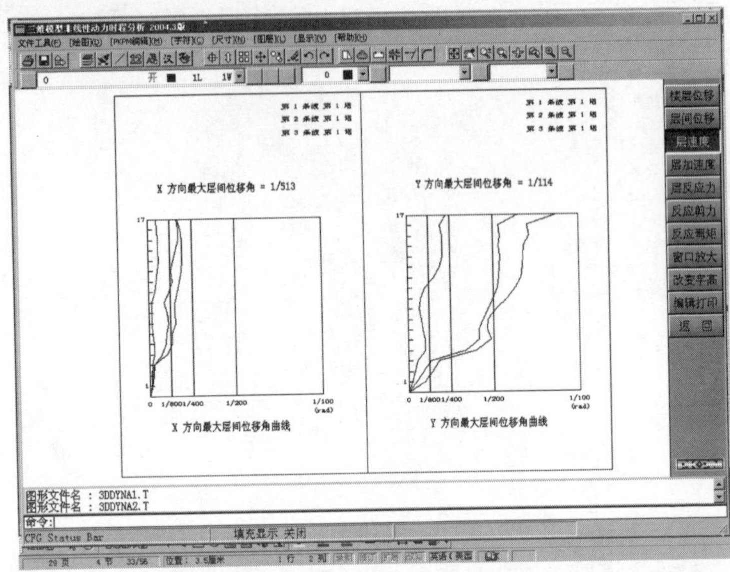

图 9-4　EPDA 楼层最大层间位移角响应图

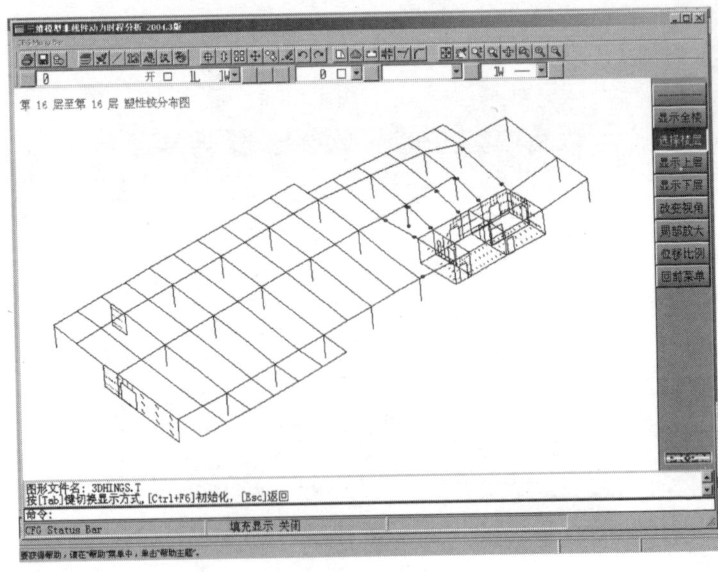

图 9-5　EPDA 结构弹塑性状态显示界面

结构在地震波作用过程中的塑性发展情况可以通过平面、空间、三维动画等多种显示方法查看。图 9-5 所示为结构某一楼层的墙体裂缝和杆系塑性铰分布情况。

9.4 弹塑性静力分析软件 EPSA 功能实现

弹塑性静力分析软件 EPSA 集成了近年来静力推覆分析的一些科研成果，具有较强的分析能力和可参考性。其输入参数如图 9-6 所示。

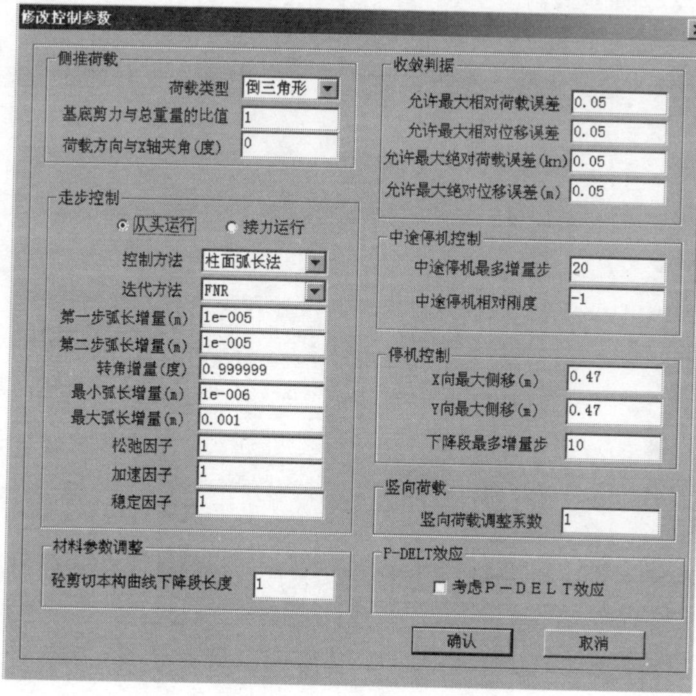

图 9-6 EPSA 控制参数交互输入菜单

图中主要参数含义如下：

(1) 侧推荷载

荷载类型：有倒三角形和矩形两种选择，通常可以选择倒三角形。

基底剪力与总重量的比值：通过该参数定义侧向荷载的总和，比如填 0.5，意思是侧向荷载总量最大可以施加到 50%的结构总重量大小。

荷载方向与 x 轴的夹角：一次静力弹塑性分析只在一个方向上施加侧向荷载，其作用正向以与 x 轴正向的夹角来表示。单位取"°"。

(2) 走步控制

要求用户输入走步控制参数如下：

从头运行和接力运行：本程序具有中途停机和中途启动功能。

控制方法：程序允许三种控制方法，分别叫做"球面弧长法1"、"球面弧长法 2"和"柱面弧长法"，它们各有特点，但在多数情况下，这三种控制方法效果相似。如果采用某一种控制方法出现难以收敛的情况，可以换用另一种方法。

迭代方法：对于每个增量步中的迭代方案，我们提供了两种选择，它们分别是完全的牛顿-拉弗逊方法(FNR)和修正的牛顿-拉弗逊方法(MNR)，前者速度较慢但很稳定，后者速度快但稳定性不如前者。建议用户选用 FNR 方法。

(3) 材料参数调整

混凝土剪切本构曲线下降段的长度：该参数为相对值。缺省值为 1.0。用以调整混凝土的剪切延性。

(4) 收敛判据

程序在每一个增量步中都需要通过迭代改进解的精度，那么解的精度到什么程度才算满意呢？原则上这需要用户来决定。本程序提供了四类迭代收敛判定参数供用户干预。

(5) 中途停机控制

对于大规模的问题，从初始加载到结构破坏，可能花费很多机时。在进行静力弹塑性分析时，开始往往先要通过试算调节走步控制参数，这时可以先算几步看看，通过输入“中途停机最多增量步”，可以控制中途停机。

(6) 停机控制

建筑物的顶层侧向位移达到一定的程度，就认为已经破坏，静力弹塑性-分析即可终止，这里需要用户输入 x、y 两个方向的最大侧移限值，单位是“m”。

(7) 竖向荷载

这里允许用户通过修改竖向荷载调整系数对竖向静力荷载进行调整。

EPSA 计算完成后，用户也可以通过菜单⑤查看弹塑性静力分析结果以图形和文本等方式了解结构的弹塑性静力分析结果，如图 9-7 所示。

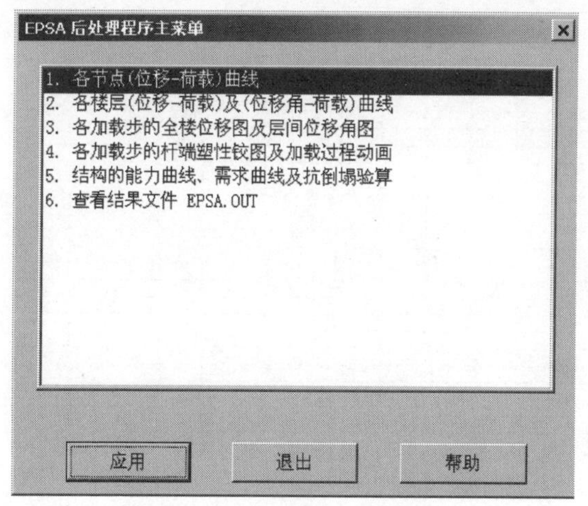

图 9-7　EPSA 图形后处理主菜单

EPSA 程序得到的结构弹塑性状态图形显示如图 9-8 所示。

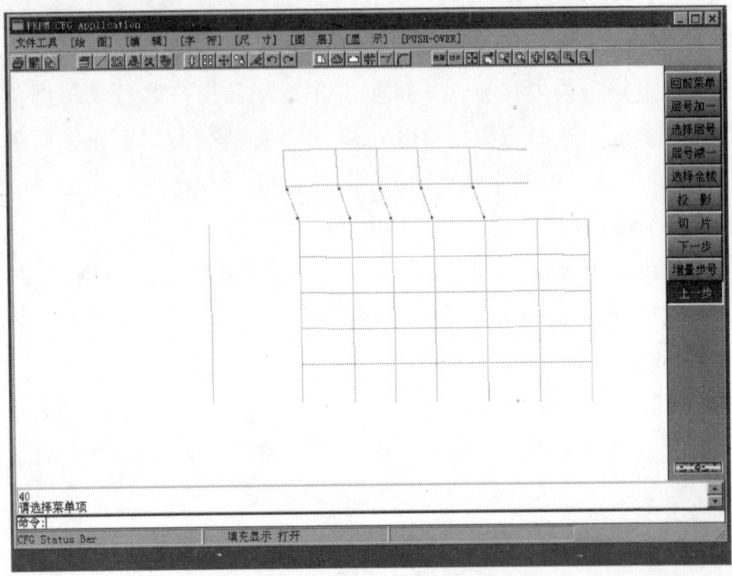

图 9-8 EPSA 梁柱端部的塑性铰图

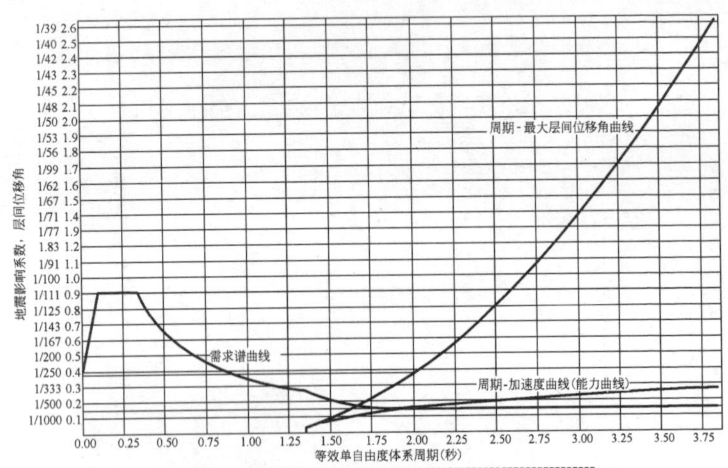

所在地区：全国；罕遇地震；场地类型：2设计地震分组：1抗震设防裂度：8

地震影响系数最大值 Amax (g)：0.900 特征周期 Tg(s)：0.350弹性状态阻尼比：0.050

能力曲线与需求墙曲线的交点坐标(T,A)：1.999, 0.154 需求层间位移角：1/263

图 9-9 EPSA 抗倒塌验算图

EPSA 程序得到的结构抗倒塌验算结果如图 9-9 所示。通过该图用户可以了解到结构的抗震能力和需求层间位移角。

9.5 如何有效地使用弹塑性分析软件 EPDA&EPSA

考虑到建筑结构设计人员对弹塑性分析概念的了解程度，在 EPDA&EPSA 程序的开发过程中，开发者在做到计算模型合理、计算方法可靠的同时，尽量减少用户的干预工作量，使得用户可以较为顺利的完成弹塑性分析工作。在使用 EPDA&EPSA 计算完成后，用户如何有效、合理的利用程序的计算结果是十分重要的。这里进行一些必要的强调。

弹塑性分析的目的是了解结构的弹塑性性能，得到结构在罕遇地震下的抗倒塌能力。

我国现行规范中规定的弹塑性阶段设计主要是指弹塑性阶段的变形验算，也就是说需要将计算(如利用 EPDA 或 EPSA 程序)得到的结构在罕遇地震作用下最大层间位移角与规范所规定的层间位移角限值进行比较，满足限值要求则通过弹塑性阶段的变形验算。

EPDA 程序得到罕遇地震作用下最大层间位移角的方法如下：

(1) 选择多条天然地震波或人工地震波。

通过计算得到每条地震波作用下各个结构楼层的平均和最大层间位移角，进而得到多条地震波的平均层间位移角均值。

确定结构的薄弱楼层，得到多条地震波作用下的楼层平均层间位移角均值。

将薄弱楼层的层间位移角均值与规范限值进行比较，确定是否满足规范要求。

《抗震规范》中对于弹塑性分析时的地震波选择原则并没有明确规定，我们建议用户参考《抗震规范》第5.1.2条的规定选取弹塑性分析时的地震波："采用时程分析法时，应按建筑场地和设计地震分组选用不少于两组的实际强震记录和一组人工模拟的加速度时程曲线，其平均地震响应系数曲线应与振型分解反应谱法所采用的地震影响系数曲线在统计意义上相符。"对于一些结构的弹塑性反应明显较小的地震波，用户应该剔除。

EPSA程序得到罕遇地震作用下最大层间位移角的方法如下：

(2) 给定侧推荷载形式，进行静力推覆分析。

使用EPSA程序提供的抗倒塌验算功能得到结构的需求层间位移角。

将需求层间位移角与规范限值进行比较，确定是否满足规范要求。

除了进行规范所规定的弹塑性阶段的变形验算以外，用户还可以利用EPDA&EPSA程序从以下几个方面来了解结构的弹塑性性能：

(1) 确定结构的薄弱层。

薄弱层是一个相对的概念，一个结构并不是只有一个薄弱层，有时有多个或连续几个薄弱层。利用EPDA&EPSA程序可以采用如下的一些原则来确定薄弱层部位：

1) 最大层间位移、最大有害层间位移所在的楼层；

2) 层间位移、有害层间位移超过规范限值的楼层；

3) 结构构件塑性铰、剪力墙破坏点比较集中的部位；

4) 结构局部变形较大的部位；

5) 结构弹塑性反应力突变的部位。

(2) 确定薄弱构件。

EPDA程序和EPSA程序均提供了杆件的塑性铰显示和剪力墙的弹塑性状态显示功能。通过这些功能用户可以清楚的了解到结构构件在地震波作用过程中或静力推覆分析过程中结构的弹塑性发展情况，指导用户有选择的加强原结构设计，如增大构件尺寸或增大实配钢筋。

最后，需要强调一下 EPDA&EPSA 的计算时间问题。前面提到为了尽量符合实际的受力情况，EPDA&EPSA 程序采用了空间计算模型，对于实际的高层建筑结构而言，这将使得结构模型达到几万计算自由度。虽然我们从程序的角度采取了很多措施来提高计算效率，但计算一条地震波的时间通常要几个小时，甚至十几个小时的时间。为了提高 EPDA&EPSA 程序的使用效率，我们对用户提出如下一些建议：

(1) 去掉不必要的附属结构、构件。如去掉可以作为上部结构嵌固端的地下室，去掉对整体结构抵抗地震作用没有太多贡献的挡土墙、次梁、裙房等附属结构，尽量只保留主要的结构抗侧力构件。

(2) 应该首先使用 EPDA&EPSA 程序对结构进行试算，如选择某条地震波中的 1～2s 时间段进行 EPDA 计算或选择几个加载步进行 EPSA 计算，在确定计算没有问题后再进行实际计算。通过试算，用户还可以对程序的计算耗时有所了解。

(3) 计算前应该详细检查输入参数是否正确，以免计算完成后有反复。

(4) EPDA 程序一次计算尽量不要选用太多的地震波，一般应少于 3 条地震波，最好是一次只计算一条波，以免耗费较多的计算时间后没有得到任何计算结果。需要强调的是，EPDA 一次计算完成后，如果用户需要选择其他的地震波继续计算，需要新建工程目录进行计算，以免原来的计算结果被程序删除。如果硬盘空间较小，可以选择只输出文本文件。

(5) 规范中对于所选择地震波的持时是有一定要求的。但是某些地震波，尤其是一些人造地震波在几十秒的持时中，地震波远离峰值的前后段加速度很小。一些试算表明，将地震波中远离峰值且加速度很小的部分去掉，对于正确得到最大层间位移角没有多大影响。建议将地震波的计算步数保持在1000步左右为宜。

(6) EPSA程序在结构接近承载力极限状态时耗时是较多的，如果用户只是希望得到需求位移，可以通过参数选择，使得结构的能力曲线穿越需求谱即可。

(7) 使用EPDA&EPSA程序计算时，尽量选择较快的计算机在整块的空闲时间(如晚上)进行；在计算过程中尽量不要在该计算机上进行其他操作；并且应将“屏幕保护程序”选取“无”且在“电源管理”中的“选择电源使用方案”框内的“关闭监视器”和“关闭硬盘”项选取“从不”，以便观察程序进程。

应该说很长时间以来，设计人员进行建筑结构的弹塑性分析只能依赖于通用有限元软件。前面也提到了通用有限元软件有其自身的优势，但对于一些建筑结构所特有的复杂性而言，通用有限元软件未必能够做到简单、适用、可靠。考虑到通用软件存在的不足，EPDA&EPSA软件特别注重建筑结构的专业特点，做到了使用方便、概念清楚、计算正确。

以前PKPM系列软件只能用简化方法处理不超过12层的纯框架结构的弹塑性变形验算。现在借助于EPDA&EPSA程序，弹塑性变形验算的对象可以扩充到几乎所有的多、高层建筑结构。

第 10 章　非荷载作用

温度、收缩、地基不均匀差异沉降是属于变形作用，《高规》称其为非荷载作用，是客观存在于任一建筑结构的。高层建筑结构由于竖向构件截面较大，竖向构件竖向变形累计较大，结构水平向变形受到的约束较大，其非荷载作用影响较大[2]。从工程结构裂缝控制角度看，裂缝成因可分两大类：荷载引起的和变形作用引起的。根据国内外的调查资料统计，工程实践中结构物的裂缝原因属于由变形作用(温度、收缩、不均匀沉降)引起的约占 80%以上，属于由荷载引起的约占 20%左右，可见高层建筑结构设计中考虑变形作用的影响是很重要的，不容忽视。若对这种客观存在的作用估计不足，导致设计施工处理不当，导致结构受到损伤或已承受很大内应力，结构的安全度、耐久性、延性及建筑物的正常使用将受到很大影响，不利于抗风、抗震。

但由于种种原因，诸如高层建筑各处的温度场、混凝土收缩、徐变等随时间变化的变量因素还难以直接采用数值准确量化，混凝土收缩、徐变的弹塑性特征使分析处理复杂，所以一般很难准确地计算结构的温度一收缩应力，并且作为设计的依据。因此，《高规》不要求直接计算非荷载作用，而强调由构造措施来解决。

程序提供了计算温度应力、支座沉降以及设置弹簧支座的功能。设计人员可以通过最不利温差、收缩当量温差或基础支座沉降值来计算结构的温度、收缩或地基不均匀差异沉降产生的效应，得到定量结果数据，从而能较正确地估计温度、收缩或地基差异沉降的影响，有助于设计人员采取相应对策与措施。

10.1 规范、规程相关规定

《高规》第4.9.3条指出非荷载作用指温度变化、混凝土收缩和徐变、支座沉降等对结构或结构构件的影响。

10.2 温度应力分析

高层建筑结构不仅平面尺寸大，而且竖向的高度也很大，其竖向构件截面尺寸较大，温度变化和混凝土收缩不仅会产生较大的水平方向的变形和内力，而且也会产生竖向的变形和内力。高层建筑结构的温度变形与应力应该引起设计人员的重视。

温度应力与温差成正比，升温为正，应力为负，即引起压应力；降温为负，应力为正，即引起拉应力。

10.2.1 分析情况

高层建筑的温度分析可考虑下列三种情况：

当主体结构完成后，未作内外装修和围护结构，结构全部处于通透状态时的温差造成的内力，属于施工阶段；

外墙围护结构已施工，室内处于自然通风状态时的温差造成的内力，属于正常使用阶段；

外墙围护结构已施工，室内空调恒温状态时的温差造成的内力，属于正常使用阶段；

有时还可以考虑构件和结构的初始温度的影响。

文献[10]建议，室外空气温度夏季取30年一遇最高日平均温度，冬季取30年一遇最低日平均温度。使用阶段室内空气温度夏季取空调设计温度，冬季取采暖设计温度。构件和结构的初始温度取成型时的环境空气温度。

文献[11]指出，温度应力只按弹性计算太保守，造成材料浪费。由于结构遭受的年温差及湿度收缩都是在相当长的时段变化中进行的，必须考虑徐变引起的应力松弛，从而大幅度降低弹性应力。简单的做法是将确定的温差乘以表 10-1 所示的应力松弛系数 $H(t, \tau)$，作为计算温差。

一般条件下应力松弛系数表 **表 10-1**

τ_1=2 天		τ_1=5 天		τ_1=10 天		τ_1=20 天	
t	$H(t, \tau)$	t	$H(t, \tau)$	t	$H(t, \tau)$	t	$H(t, \tau)$
2	1	5	1	10	1	20	1
2.25	0.426	5.25	0.510	10.25	0.551	20.25	0.592
2.5	0.342	5.5	0.443	10.50	0.499	20.50	0.549
2.75	0.304	5.75	0.410	10.75	0.476	20.75	0.534
3	0.278	6	0.383	11	0.457	21	0.521
4	0.225	7	0.296	12	0.392	22	0.473
5	0.199	8	0.262	14	0.306	25	0.367
10	0.187	10	0.228	18	0.251	30	0.301
20	0.186	20	0.215	20	0.238	40	0.253
30	0.186	30	0.208	30	0.214	50	0.252
∞	0.186	∞	0.200	∞	0.210	∞	0.251

注：表中 τ_1 表示产生约束应力时的龄期，t 表示约束应力延续时间。

从表 10-1 可以看出温差变化过程速度快，应力松弛系数 $H(t, \tau)$大，反之则小。按一般混凝土结构浇筑 20d 后已经成熟，可产生约束变形，可取龄期为 20d，并且按热理论计算其延续时间 t 为 60d，则 $H(t, \tau)$取为 0.251。根据缓慢程度，应力松弛系数 $H(t, \tau)$可取值为 0.3～0.5。用户也可自定龄期和延续时间，查表 10-1 得 $H(t, \tau)$。

10.2.2 构件温差

温度引起的构件变形分为两类，分别为内外表面有温差时造成的弯曲和内外温差的平均值比构件原始温度高(低)时造成的伸长(缩短)。

10.2.3 程序实现

由于高层建筑结构出现的温度变化主要是均匀的普遍温差作用，所以目前程序在温度应力计算中，只考虑到构件的内外温差的平均值比构件原始温度高(低)时造成的伸长(缩短)效应。用户可通过设置节点温差或构件温差来输入结构的温度变化，实现温度应力分析。

10.2.4 操作步骤

现分别对 SATWE、TAT 和 PMSAP 的温度应力计算作如下说明：

- SATWE

程序允许两组温度作用，分别表示为第一组、第二组(最高升温、最低降温)的两种工况。温差是按节点定义的。

① 进入菜单 1. 接 PM 生成 SATWE 数据→3. 温度荷载定义。

② 进入某自然层号，通过“指定温差”、“捕捉节点”子菜单，用户按节点输入两组温差，完成结构此层的节点温差的设置。

③ 点取“层号加一”、“层号减一”、“自然层号”子菜单，逐一完成全楼各层节点温差的设置。也可配合“拷贝前层”、“全楼同温”等操作来做。

④ 没有设置结构温差的节点，程序自动看成两组温差均为零。

· TAT

程序允许两组温度作用，分别表示为第一组、第二组(升温差、降温差)的两种工况。温差是按构件定义的。

① 菜单 2. 数据检查和图形检查→5. 特殊荷载查看和定义。

② 先用子菜单“选择楼层”或“显示上层”选定某自然层号，再进入“温度荷载”子菜单。

③ 通过“定义”、“删除”条目的操作，用户按构件输入两组温差，完成结构此层的构件温差的设置。

④ 再用子菜单“选择楼层”或“显示上层”，逐一完成全楼各层构件温差的设置。

⑤ 没有设置结构温差的构件，程序自动看成两组温差均为零。

· PMSAP

程序允许一组温度作用，表示为一组工况。温差是按节点定义的。

① 进入菜单 1. 补充建模→温度荷载。

② 进入某自然层号，通过“指定温差”、“捕捉节点”子菜单，用户按节点输入温差，完成结构此层的节点温差的设置。

③ 点取“层号加一”、“层号减一”、“自然层号”子菜单，逐一完成全楼各层节点温差的设置。也可配合“拷贝前层”、“全楼同温”等操作来做。

④ 进入菜单 3. 参数补充及修改→总信息。

⑤ 在“温度荷载参数”框内，填入“温度荷载组合系数”和“弹性模量折减系数”相应值以及选择“温度场类型”项“连续”或“间断”。温度荷载组合系数指与其他荷载工况的分项系数。弹性模量折减系数指考虑混凝土的随时间变化的变化因素，如考虑受徐变的影响，填入小于 1 的数。弹性模量折减系数影响结构的总刚度，即影响自振周期、地震作用和所有荷载的位移。温度

场类型选取连续，则杆件的温度取两端温度平均值；墙元则按节点插值计算内部点温度。温度场类型选取间断时，构件的任一节点一旦设置成零温度，则此构件的温度为零；若构件的所有节点都为非零温度，则构件的温度取法同连续。

· 温度作用工况的荷载组合

SATWE、TAT、PMSAP 程序荷载组合时内定的温度作用分项系数和组合值系数取用活荷载对应系数。程序还提供‘自定义工况和组合’项，允许用户修改每组荷载组合的温度作用的组合系数，或自行指定组合系数的荷载组合。

· SATWE

① 进入菜单 1. 接 PM 生成 SATWE 数据→1. 分析与设计参数补充定义→荷载组合。

② 在“采用自定义组合与工况”项内打“√”，再点击“自定义”条目，进入自定义组合工况。

③ 直接修改组合系数值，或通过“增加组合”和“删除组合”条目自定义荷载组合。

· TAT

① 进入菜单 2. 数据检查和图形检查→3. 参数修正→设计信息。

② 在“自定义工况和组合”栏内的“采用”项内打“√”，再点击“查看和调整”条目，进入自定义组合工况。

③ 直接修改组合系数值，或通过“增加组合”和“删除组合”条目自定义荷载组合。

· PMSAP

① 进入菜单 7. 复杂空间结构建模及分析。

② 在左上角的“打开文件”图标中直接打开 SpasCAD 的工程名. PZD 文件。

③ 按自然层进行操作。进入菜单：结构计算→工况组合。

④ 点击“查看系数默认荷载工况组合”条目修改组合系数值，点击“增加工况组合”条目自定义荷载组合。最后点击“确认”条目使修改有效。

10.3 收缩分析

混凝土收缩可以用收缩当量温差来表示。收缩值换算为当量温差，永远是负值，应力为拉应力。因此混凝土结构的降温与收缩同时发生时，混凝土结构将承受互相叠加的拉应力，作用效应增大。而当升温与收缩同时发生时，则两者作用效应会互相抵消。当收缩作用强时，混凝土结构将承受拉应力；而当升温作用强时，混凝土结构则承受压应力。

同时收缩作用也是一种缓慢作用过程，所以也必须考虑徐变引起应力松弛。简单的做法是将收缩当量温差乘以表 10-1 所示的应力松弛系数 $H(t,\tau)$。一般应力松弛系数 $H(t,\tau)$ 可取值为 0.3～0.5。当收缩当量温差与年最不利温差叠加综合计算时，也可取年最不利温差的应力松弛系数。有关混凝土收缩的更深入的分析参见文献[11]。

10.3.1 收缩相对变形和收缩当量温差

混凝土收缩经验公式很多，都能在某一特定条件下反映一定的规律。但是，实际工程所处条件变化较多，使得各种经验公式都带有一定的局限性。根据文献资料调查，我们推荐一种关于素混凝土(包括低配筋率钢筋混凝土)的收缩公式。

• 任意时间 t 天的收缩相对变形 $\varepsilon_y(t)$ 为

$$\varepsilon_y(t) = \varepsilon_y^0(1 - e^{-bt})\sum_{i=1}^{10} M_i$$

式中 b——经验系数，一般取 0.01；养护较差时，取 0.03；

ε_y^0——标准状态下的极限收缩，可取 3.24×10^{-4}；

M_i——考虑第 i 个非标准条件的修正系数，见表 10-2 至表 10-6。

· 收缩当量温差 T' 为

$$T'=\frac{\varepsilon_y}{\alpha}$$

式中 ε_y——收缩相对变形；

α——混凝土线膨涨系数，取 1×10^{-5}。

这样收缩变形的作用可以转化成温度作用。

10.3.2 非标准条件的修正系数

为定量考虑各不同条件对收缩的影响，给出十种由表 10-2 至表 10-6 列出的非标准条件的混凝土极限收缩的修正系数。

混凝土材料组成对于标准状态下混凝土极限收缩的修正系数 表 10-2

水泥品种	M_1	水泥细度	M_2	骨料	M_3	水/灰	M_4	水泥浆量(%)	M_5
矿渣水泥	1.25	1500	0.90	砂岩	1.90	0.2	0.65	15	0.90
快硬水泥	1.12	2000	0.93	砾砂	1.00	0.3	0.85	20	1.00
低热水泥	1.10	3000	1.00	玄武岩	1.00	0.4	1.00	25	1.20
石灰矿渣水泥	1.00	4000	1.13	花岗岩	1.00	0.5	1.21	30	1.45
普通水泥	1.00	5000	1.35	石灰岩	1.00	0.6	1.42	35	1.75
火山灰水泥	1.00	6000	1.68	白云岩	0.95	0.7	1.62	40	2.10
抗硫酸盐水泥	0.78	7000	2.05	石英岩	0.80	0.8	1.80	45	2.55
矾土水泥	0.52	8000	2.42	—	—	—	—	50	3.03

初期养护时间的修正系数 **表 10-3**

混凝土浇筑后初期养护时间 τ_w(天)	M_6	混凝土浇筑后初期养护时间 τ_w(天)	M_6
1	1.11/1.00	14	0.93/0.84
2	1.11/1.00	20	0.93/0.84
3	1.09/0.98	28	0.93/0.84
4	1.07/0.96	40	0.93/0.84
5	1.04/0.94	60	0.93/0.84
7	1.00/0.90	90	0.93/0.84
10	0.96/0.89	≥180	0.93/0.84

注：分子是自然状态下硬化，分母是蒸汽状态下硬化。

使用环境湿度状态与尺寸的修正系数 **表 10-4**

环境相对湿度 W(%)	M_7	构件的水力半径的倒数 r(cm^{-1})	M_8
25	1.25	0.0	0.54/0.21
30	1.18	0.1	0.76/0.78
40	1.10	0.2	1.00/1.00
50	1.00	0.3	1.03/1.03
60	0.88	0.4	1.20/1.05
70	0.77	0.5	1.31/—
80	0.70	0.6	1.40/—
90	0.54	0.7	1.43/—
100	—	0.8	1.44/—

注：构件的水力半径的倒数 r 是构件受大气包围的截面的周长 L 与该周边所包围的截面面积 F 之比，其值中分子是自然状态下硬化，分母是蒸汽状态下硬化。

不同操作条件的修正系数　　表 10-5

操作方法	M_9	操作方法	M_9
机械振捣	1.00	蒸汽养护	0.85
手工捣固	1.10	高压斧处理	0.54

不同配筋率(包括不同模量比)的修正系数　　表 10-6

$\frac{E_sA_s}{E_cA_c}$	0.00	0.05	0.10	0.15	0.20	0.25
M_{10}	1.00	0.86	0.76	0.68	0.61	0.55

注：E_s、A_s 分别是钢筋的弹性模量(MPa)和钢筋面积(cm^2)，E_c、A_c 分别是混凝土的弹性模量(MPa)和混凝土截面面积(cm^2)。

在某些具体计算中，有可能遇到表 10-2 至表 10-6 中所不能包括的情况，则取修正系数为 1.0。如遇有中间情况，可用插值方法确定。亦有可能实际情况并不像表中规定项目那么多，则计算中只要考虑那些有的情况，其他情况则取修正系数为 1.0。

10.3.3　程序实现

目前程序可用温度应力计算功能来完成收缩分析。

10.3.4　操作步骤

同第 10.2.4 节操作步骤。

10.4　温差、收缩当量温差计算实例

某三层钢筋混凝土现浇整体式框架结构，混凝土浇筑温度为+10℃，浇筑后经六个月到冬季，最冷月份平均温度－10℃，此期间又经历了大部分的收缩作用，施工跨年度，结构封闭后经受室内温差。框架梁平均截面为 250mm×500mm。试确定施工阶段的结构承受的最不利温差、收缩当量温差和考虑徐变引起的应力

松弛的综合计算温差。

10.4.1 最不利温差

降温差 $T'=10-(-10)=20$℃

10.4.2 收缩当量温差

由于结构经历了六个月的收缩作用，现按 180 天考虑收缩差。

(1) 180 天的收缩相对变形

收缩相对变形 $\varepsilon_y(t)=3.24\times10^{-4}(1-e^{-0.01\times t})\sum_{i=1}^{10}M_i$。

计算 M_i

$M_1=1.0$(普通水泥)

$M_2=1.0$(水泥细度 3000)

$M_3=1.0$(采用砾砂骨料)

$M_4=1.21$(水/灰$=0.5$)

$M_5=1.2$(水泥浆量，水+水泥重量占总重量的 25%)

$M_6=1.07$(初期养护 4 天，自然状态)

$M_7=1.25$(环境相对湿度 25%)

$$M_8=0.8\left(\text{水力半径倒数}\right.$$

$$\left.r=\frac{L}{F}=\frac{500+500+250+250}{500\times250}=\frac{1500}{12500}=0.12\right)$$

$M_9=1.0$(机械振捣)

$$M_{10}=0.76\left(\frac{E_sA_s}{E_cA_c}=0.1\right)$$

把 $t=180$ 和 M_i 代入收缩相对变形公式后得

$$\varepsilon_y(t=180)=3.24\times10^{-4}\times1.21\times1.2\times1.07\times1.25\times0.8\times0.76\times(1-e^{-1.8})$$

$$=3.2\times10^{-4}$$

(2) 180 天的收缩当量温差

$$T''=\frac{\varepsilon_y}{\alpha}=\frac{3.2\times10^{-4}}{1\times10^{-5}}=32℃$$

10.4.3 综合计算温差

因为最不利温差为降温，而收缩当量温差为负(相当降温)，所以综合计算温差也为负值，其值为两者叠加。

$$T=T'+T''=-20-32=-52℃$$

考虑徐变引起的应力松弛，综合各种因素取应力松弛系数 $H(t,\tau)$为 0.3，则程序输入的综合计算温差 $T=-52\times0.3=-15.6℃$。

10.5 不均匀沉降分析

在软土、填土以及各种不均匀地基上建造建筑物，或者地基虽然相对均匀，但是上部荷载差异过大，建筑物体形复杂、刚度差别悬殊时，都会引起地基变形，造成建筑物下沉、水平位移和转动。

若不均匀沉降是缓慢进行的，也可以考虑徐变引起的应力松弛作用。

10.5.1 程序实现

要定性地分析地基变形作用的影响，在程序中可用两种方法实现：

① 设置弹性支座，弹簧刚度值可看成文克尔地基模型的地基土基床系数。这将改变结构的总刚，影响结构自振周期、地震作用以及所有荷载效应。

② 支座处直接给定支座沉降值。这只是增加支座位移的工况，不改变总刚，也不影响结构自振周期、地震作用以及所有荷载效应。

10.5.2 操作步骤

现分别对 SATWE、TAT 和 PMSAP 的弹性支座和支座位移的计算作如下说明：

弹性支座的操作

- SATWE

目前弹性支座不能设置于底层的柱底和墙底处，只能设置于其他自由节点处。

① 进入菜单 1. 接 PM 生成 SATWE 数据→4. 弹性支座/支座位移定义。

② 选定某自然层号，进入“指定刚度/位移”子菜单，弹出对话框，在“输入类型(Input Type)”项内选取“刚度(Stiffness)”，并且支座刚度框的 x、y、z 位移刚度和 x、y、z 转动刚度项内输入弹簧刚度值。再通过“捕捉节点”子菜单，指定所属节点。

- TAT 无此功能
- PMSAP 无此功能

支座位移的操作

- SATWE

① 进入菜单 1. 接 PM 生成 SATWE 数据→4. 弹簧支座/支座位移定义。

② 选定某自然层号，进入“指定刚度/位移”子菜单，弹出对话框，在“输入类型(Input Type)”项内选取“位移(Movement)”，并且在支座位移框的 x、y、z 位移和 x、y、z 转角项内填入相应值。再通过“捕捉节点”子菜单，指定所属节点。

• TAT

① 进入菜单 2. 数据检查和图形检查→5. 特殊荷载查看和定义。

② 选定第 1 自然层号，进入“位移荷载”，点取“定义”，输入支座位移值，再用光标指定所属节点。也可用“查看”显示节点位移值，用“删除”删去已定义的节点位移。

③ 支座位移只能设置在第 1 层与基础连接的节点上，其他部位不能设置。

• PMSAP 无此功能

支座位移的内力处理

SATWE 和 TAT 程序都把支座位移的内力加到恒载中，无独立的支座位移工况。

第 11 章　带吊车荷载作用的结构设计

鉴于工业厂房的主要荷载是吊车荷载，荷载的移动性使工业厂房建筑结构的三维分析难度增大。所以，对规则厂房一般采用考虑屋盖弹性变形的横、纵向分开计算的多质点平面杆系分析方法。

随着工业的发展，为适应新生产技术和生产工艺的发展要求，厂房建筑也得到了发展。除传统的单层工业厂房外，出现了许多多层工业厂房和单层、多层混合布置的厂房。其中一些厂房的平面布置比较复杂，如抽柱、开大洞用于垂直运输工艺，错层用于不同生产工艺的操作等。对这些复杂体系厂房，平面杆系分析方法已不适用。

TAT 和 SATWE 软件具有吊车荷载空间计算功能，可用于复杂体系厂房的结构设计。

11.1　吊车荷载的计算模型

由于吊车荷载作用在吊车柱的牛腿上，牛腿顶面将排架柱分为下柱和上柱，下柱和上柱都有两个计算截面，所以在牛腿处应该设置一个标准楼层。这样每层排架柱都是等截面柱，柱上下端两个截面内力控制柱的配筋。

11.1.1　吊车荷载的计算

吊车荷载的作用点就是与吊车轨道平行的柱列各节点，是根据吊车轨迹由程序自动求出的。在TAT、SATWE中选择“吊车荷载计算”，程序对吊车荷载作如下处理：

(1) 对每组吊车，沿吊车轨迹求出逐跨布置吊车的各对加载柱节点。

(2) 对每对节点作用4组外力，分别为：a. 左点最大轮压、右点最小轮压；b. 右点最大轮压、左点最小轮压；c. 左、右点正横向水平刹车力，每点作用吊车横向水平刹车力的一半；d. 左、右点正纵向水平刹车力，每点作用纵向吊车水平刹车力的一半。

纵向吊车水平刹车力应该作用在左点或右点，程序采取简化处理，两点均分。

(3) 对每组吊车的每次加载，求出每根杆件的4组内力。

11.1.2 合理的计算模型

吊车荷载作用的牛腿处一般没有楼板，所以该层的节点为“弹性节点”，不受刚性楼板假定的制约。在多层工业厂房中，即使吊车柱的外边有楼板，也要按“弹性楼板”考虑，或者不考虑楼板的存在和作用，这样可以比较正确地求出水平刹车力对上、下柱的影响。

当吊车柱之间设有交叉支撑时，必须考虑支撑的作用。在吊车柱的设计中，可适当减少吊车柱在支撑布置方向的长度系数。

厂房结构定义了多个“弹性节点”后，地震振型数就要增加，振型分析应该采用“总刚模型”。

11.2 吊车荷载的定义方式

11.2.1 软件操作方式

(1) TAT

由 TAT“数据检查和图形检查”进入“特殊荷载查看和定义”再进入“吊车荷载”，则屏幕菜单如图 11-1 所示。

吊车荷载
======
查　看
定　义
删　除
说　明
返　回

图 11-1　TAT 吊车荷载屏幕菜单

当选择“定义”项时，屏幕弹出如图 11-2 所示对话框。

吊车荷载定义	
吊车最大轮压作用(kN)	200
吊车最小轮压作用(kN)	100
吊车横向水平荷載作用(kN)	50
吊车纵向水平荷載作用(kN)	60
吊车左(上)轨道的偏轴线距离(mm)	1500
吊车右(下)轨道的偏轴线距离(mm)	1500
水平刹车力到牛腿顶面的距离(mm)	800
多台吊车组合值系数:	1.0
确定	取消

图 11-2　TAT 吊车荷载定义对话框

输入完相应的参数后，选择“确定”，则屏幕在下方提示：

请用光标指定吊车左(上)轨道的两端点

当点取第一条轨道的两端点后，屏幕在下方又提示：

请用光标指定吊车右(下)轨道的两端点

当选择完第二条轨道的两端点后，这组吊车荷载就定义完了，如再选择定义项，则进入下一组吊车的定义。

吊车荷载定义后，可以选择“查看”项，查看吊车荷载参数；可以选择“删除”项删除某组吊车荷载，此时屏幕下方提示：

请用光标选择吊车任一轨道的一个端点

选中轨道的端点后，该组吊车荷载定义被删除。

(2) SATWE

由“接PM生成SATWE数据”进入“特殊构件补充定义”再进入“吊车荷载”，则屏幕菜单如图11-3所示。

［吊车］
吊车参数
吊车布置
吊车删除
局部放大
回前菜单

图11-3　SATWE吊车荷载屏幕菜单

首先应选择“吊车参数”，此时屏幕弹出如图11-4所示对话框。

输入完第1组吊车荷载参数后，还可以继续定义第2组、第3组吊车荷载，直至各组吊车荷载定义完毕。

点取“确定”后返回屏幕菜单，再点取“吊车布置”，出现选择吊车组号菜单，选择某组吊车后，屏幕下方提示：

请用光标指定吊车左(上)轨道的两端点

当点取第一条轨道的两端点后，屏幕在下方又提示：

请用光标指定吊车右(下)轨道的两端点

当点取第二条轨道的两端点后，该组吊车就布置完了。然后

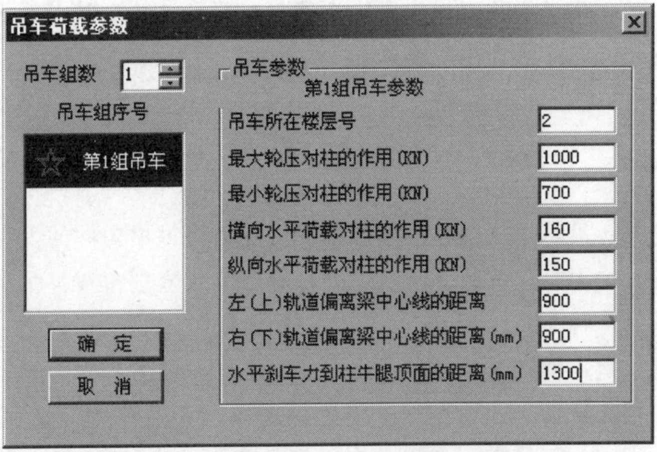

图 11-4 SATWE 吊车荷载参数输入对话框

采用相同步骤布置其他组吊车。

在图 11-3 所示的屏幕菜单中点取“吊车删除”可删除某组吊车布置，此时屏幕下方提示：

请用光标选择吊车任一轨道的一个端点

选中轨道的端点或吊车轨迹后，该组吊车被删除。

11.2.2 吊车荷载说明

运行在同一轨道内的一部或多部吊车组成一组吊车，在输入某组吊车荷载参数时，作用于柱节点的最大轮压、最小轮压和最大水平刹车力应该通过影响线求出。由于一组吊车荷载仅对应一组作用于柱节点的最大轮压、最小轮压和最大水平刹车力，因此，这种吊车荷载定义方式仅适用等柱距的情况。对于非等柱距结构用户应采用有代表性的柱距计算作用于柱节点的最大轮压、最小轮压和最大水平刹车力。当作用于中柱节点和边柱节点的最大轮压、最小轮压和最大水平刹车力不同时，可取中柱数值定义吊车荷载。

吊车水平刹车力作用点位于刹车轮与轨道的接触点，该点距牛腿顶面的距离由用户输入。

11.3 吊车作用效应的预组合

吊车沿轨道运行，吊车位置一变，结构每根构件的内力都会变化。由于吊车荷载要沿轨道的每对柱节点分别布置，每次布置要计算 4 种荷载，所以，每布置一次就产生 4 组结构内力，如果布置 n 次，就产生 $4n$ 组结构内力。存储 $4n$ 组吊车内力要占据计算机很大资源。举个例子，有一两跨单层工业厂房，每柱列 10 根柱子，两组吊车，每组吊车需要布置 10 次，两组吊车共需布置 20 次，由吊车荷载产生的结构内力组数为 4×20=80 组。

存储吊车内力的目的是为了荷载组合，如果在吊车内力与其他荷载效应组合之前，在计算吊车荷载的过程中即对吊车内力按照某一目标进行组合，然后再用吊车的组合内力与其他荷载效应组合，这样就可减少许多存储吊车内力的数组开销。

在计算吊车荷载的过程中对吊车内力按照某一目标进行组合的方法称为预组合方法。该方法的特点是程序只存储吊车荷载的组合内力，而不存储单项吊车内力。

TAT 和 SATWE 软件均采用预组合方法计算吊车荷载。

11.3.1 预组合目标

考虑柱配筋的最不利内力组合共 14 项：

(1) V_{xmax}——x 方向剪力最大时对应的柱内力；

(2) V_{ymax}——y 方向剪力最大时对应的柱内力；

(3) $+M_{xmax}$——x 方向弯矩最大时对应的柱内力；

(4) $-M_{xmax}$——x 方向弯矩最小时对应的柱内力；

(5) $+M_{ymax}$——y 方向弯矩最大时对应的柱内力；

(6) $-M_{ymax}$——y 方向弯矩最小时对应的柱内力；

(7) N_{max}、$+M_{xmax}$——最大轴力及相应 x 方向弯矩最大时的柱内力；

(8) N_{max}，$-M_{xmax}$——最大轴力及相应 x 方向弯矩最小时的柱内力；

(9) N_{max}，$+M_{ymax}$——最大轴力及相应 y 方向弯矩最大时的柱内力；

(10) N_{max}，$-M_{ymax}$——最大轴力及相应 y 方向弯矩最小时的柱内力；

(11) N_{min}，$+M_{xmax}$——最小轴力及相应 x 方向弯矩最大时的柱内力；

(12) N_{min}，$-M_{xmax}$——最小轴力及相应 x 方向弯矩最小时的柱内力；

(13) N_{min}，$+M_{ymax}$——最小轴力及相应 y 方向弯矩最大时的柱内力；

(14) N_{min}，$-M_{ymax}$——最小轴力及相应 y 方向弯矩最小时的柱内力。

考虑梁配筋的最不利内力组合共 4 项：

(1) $-M_{max}$、T——最大负弯矩与扭矩；

(2) $-V_{max}$、N——最大负剪力与轴力；

(3) $+M_{max}$、T——最大正弯矩与扭矩；

(4) $+V_{max}$、N——最大正剪力与轴力。

11.3.2 预组合工况

因为吊车的水平刹车力作用效应不与地震作用效应同时出现，所以有必要将吊车作用效应预组合分成“考虑轮压加水平刹车力的预组合”和“只考虑轮压的预组合”，程序将其定义为预组合 1 和预组合 2，对于柱，这两组预组合为：

预组合 1 ——吊车的“轮压+刹车力”内力组合，用于无地震作用效应参与的内力组合；

预组合 2 ——吊车的“轮压”内力组合，用于有地震作用效应参与的内力组合。

对每组预组合程序分别计算出每根柱上下两个截面的 14 组内力。

同样梁也有两种预组合：

预组合 1 —— 轮压+刹车力包络内力，用于无地震作用效应参与的内力组合；

预组合 2 —— 轮压包络内力，用于有地震作用效应参与的内力组合。

对每组预组合程序分别计算出每根梁 9 个截面(两个端截面，7 个中间截面)的 4 组内力。

TAT、SATWE 分别把各组预组合梁、柱内力存储在

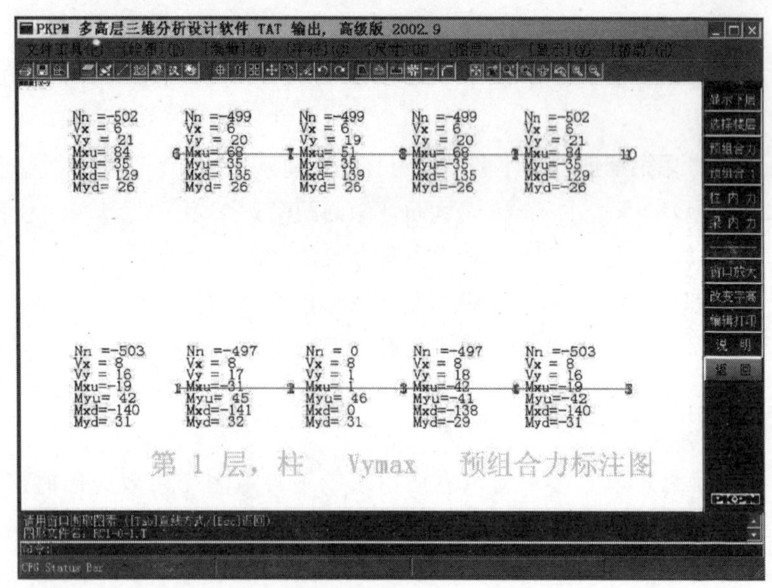

图 11-5 TAT 预组合 2 中柱底截面最大 y 方向剪力(V_{ymax})的内力简图

CRANE1.OUT、WCRANE＊.OUT 文件中，并提供了梁、柱预组合内力简图，供用户查看。图 11-5 为 TAT 给出的预组合 2 中柱底截面最大 y 方向剪力(V_{ymax})的内力简图。

11.4 预组合内力与其他荷载效应的组合

11.4.1 荷载组合原则

荷载组合按《建筑结构荷载规范》(GB 50009—2001)第 3.2.3 条和《抗震规范》第 5.4.1 条进行。

11.4.2 基本组合

对有吊车的多层房屋，基本组合如下：

1. 恒、活、吊车荷载

(1) 1.35 恒载＋1.4×0.7 活载＋1.4×0.7 吊车预组合 2

(2) 1.2 恒载＋1.4 活载

(3) 1.2 恒载＋1.4 吊车预组合 1

(4) 1.2 恒载＋1.4 活载＋1.4×0.7 吊车预组合 1

(5) 1.2 恒载＋1.4×0.7 活载＋1.4 吊车预组合 1

(6) 1.0 恒载＋1.4 活载

(7) 1.0 恒载＋1.4 吊车预组合 1

(8) 1.0 恒载＋1.4 活载＋1.4×0.7 吊车预组合 1

(9) 1.0 恒载＋1.4×0.7 活载＋1.4 吊车预组合 1

2. 恒、活、吊车、风荷载

(10) 1.2 恒载±1.4 风力

(11) 1.0 恒载±1.4 风力

(12) 1.2 恒载＋1.4 活载±1.4×0.6 风力

(13) 1.0 恒载＋1.4 活载±1.4×0.6 风力

(14) 1.2 恒载+1.4×0.7 活载±1.4 风力

(15) 1.0 恒载+1.4×0.7 活载±1.4 风力

(16) 1.2 恒载+1.4 吊车预组合 1±1.4×0.6 风力

(17) 1.0 恒载+1.4 吊车预组合 1±1.4×0.6 风力

(18) 1.2 恒载+1.4×0.7 吊车预组合 1±1.4 风力

(19) 1.0 恒载+1.4×0.7 吊车预组合 1±1.4 风力

(20) 1.2 恒载+1.4 活载+1.4×0.7 吊车预组合 1±1.4×0.6 风力

(21) 1.0 恒载+1.4 活载+1.4×0.7 吊车预组合 1±1.4×0.6 风力

(22) 1.2 恒载+1.4×0.7 活载+1.4 吊车预组合 1±1.4×0.6 风力

(23) 1.0 恒载+1.4×0.7 活载+1.4 吊车预组合 1±1.4×0.6 风力

(24) 1.2 恒载+1.4×0.7 活载+1.4×0.7 吊车预组合 1±1.4 风力

(25) 1.0 恒载+1.4×0.7 活载+1.4×0.7 吊车预组合 1±1.4 风力

3. 恒、活、吊车、水平地震作用

(26) 1.2 [恒载+ψ_{Ei}(活载+吊车预组合 2)] ±1.3 水平地震作用

(27) 1.0 [恒载+ψ_{Ei}(活载+吊车预组合 2)] ±1.3 水平地震作用

其中 ψ_{Ei}为可变荷载组合值系数。

在以上组合中梁吊车预组合 1 和预组合 2 各有 4 组内力，柱吊车预组合 1 和预组合 2 各有 14 组内力，风荷载应包括 x、y 两个方向的风荷载，水平地震作用应包括 x、y 两个方向的水平地震作用。

TAT、SATWE 计算了 3 组活荷载内力：

1）全楼一次性加载求出的梁、柱内力；

2）活载逐层不利布置按分层法求出的梁最大负弯矩包络内力；

3）活载逐层不利布置按分层法求出的梁最大正弯矩包络内力。

在柱内力组合中，活荷载取第 1）组内力；在梁内力组合中，活荷载要分别考虑以上 3 组互斥内力。

11.5 有吊车结构设计注意事项

采用 TAT 、SATWE 计算有吊车结构，应注意以下几个问题：

（1）地震分析时，没有考虑吊车桥架质量和硬钩吊车的吊重质量。

因为吊车桥架和吊重是移动荷载，精确的地震分析应将吊车逐跨布置，对每一个吊车位置计算一次地震作用，再对地震作用预组合。目前程序只计算一组固定质量的地震作用，没有考虑移动质量（桥架和吊重的质量），因此，程序计算的地震作用偏小。用户可通过调整“全楼地震力放大系数”参数放大地震作用效应。

（2）柱的计算长度按普通框架柱取值，未采用《混凝土规范》表 7.3.11-1 和钢结构设计规范给出的排架柱计算长度。这种处理会使排架柱配筋或钢结构排架柱的验算有一定误差。

（3）对布置在同一跨度里的双层吊车，程序仍按多跨吊车组合方式组合，未考虑上下某层吊车空载的双层吊车组合。

（4）传向基础设计软件 JCCAD 的吊车荷载效应

基础设计软件 JCCAD 目前版本不能读取 TAT、SATWE 计算的吊车荷载效应。

JCCAD 近期版本将增加读取来自空间计算程序的吊车荷载效

应。但用户设计基础应该注意，吊车荷载是移动荷载，它不能同时施加于所有的吊车柱下。对于柱下独立式基础，可以直接采用空间计算程序传来的吊车荷载效应设计；但对于地梁、筏板等整体式基础，JCCAD程序假设所有吊车柱的吊车荷载效应同时出现，这和实际情况有较大出入，计算的配筋会偏大一些。

(5) 关于吊车梁

结构建模时吊车梁可以输入，也可以不输入。如果输入了吊车梁，程序也只把它当作普通梁对待，并没有通过影响线计算吊车梁计算截面的最不利内力。也就是说，吊车梁本身必须要用其他专门的吊车梁软件设计。

(6) 吊车参数输入

吊车最大(最小)轮压和水平刹车力的取值不能直接根据某一类型吊车的参数得到，它可能要考虑一台或二台吊车的同时作用，需要通过影响线，根据吊车的不利布置求出。

PKPM系列软件中的钢结构设计软件STS，可通过读取吊车参数、吊车台数，用影响线方法计算出一组吊车作用于柱子牛腿处的最大轮压、最小轮压和水平刹车力。

11.6 采用平面杆系程序分析带吊车结构

对于较规则的工业厂房，目前应用较多的是平面杆系分析方法，该方法考虑屋盖弹性变形，横向、纵向排架分别计算。二维平面杆系计算软件PK(或STS的二维计算)就是采用这种方法的软件，其对有吊车荷载作用的工业厂房结构的分析更细致、更全面、更专业化。

11.6.1 计算模型

采用平面杆系模型，且可考虑空间效应。程序按《抗震规范》第9.1.7条规定的附录H.2方法由用户输入考虑空间工作和扭转影响的效应调整系数来调整二维分析求得的排架柱的剪力和弯矩。

STS可计算的柱的截面类型非常丰富，包括型钢截面、型钢组合截面、实腹式组合截面和格构式组合截面。

11.6.2 吊车荷载

PK可对位于同一跨的上下两层吊车按双层吊车组合条件计算。双层吊车内力计算考虑以下几种工况：上层为重车时，下层无吊车；下层为重车时，上层考虑放空车；相邻跨的上下层都有双层吊车时，四组吊车荷载均为空车。

当有多跨吊车时，PK可考虑多跨吊车组合折减系数。

11.6.3 柱计算长度

PK对排架柱按《混凝土规范》表7.3.11-1自动生成柱计算长度，分别考虑了排架方向和垂直排架方向，有吊车作用组合和无吊车作用组合，下柱和上柱时的不同情况。用户也可在交互建模输入中修改由程序自动生成的柱计算长度。

11.6.4 活荷载不利布置分析

PK不仅对梁荷载，而且对节点荷载、柱间荷载都作了不利布置分析。程序输出的活荷载节点位移是考虑活荷载不利布置后的垂直位移和水平位移。PK还可考虑互斥活载的计算。

11.6.5 传给基础吊车荷载效应

PK可以把各工况吊车荷载效应传给基础。

11.6.6 抽柱排架计算

PK可对柱距不等的抽柱排架，按照冶金工业部《钢筋混凝土柱设计规程》(YS 09—78)第 39 条、第 40 条、第 41 条推荐的方法计算。

11.6.7 地震作用计算

PK 通过设置以下 3 个参数，在计算地震作用时计入吊车桥架质量并对地震作用效应进行调整：

(1) 吊车桥架重量(kN)。

(2) 吊车梁顶标高处上柱截面地震剪力和弯矩增大系数。该系数是考虑吊车桥架的影响，按《抗震规范》附录 H.3 取值。

(3) 地震作用效用放大系数。该系数用于执行《抗震规范》第 5.2.3 条规定，即规则结构不进行扭转耦联计算时，平行于地震作用方向的两个边榀，地震作用效用应乘以放大系数。

11.6.8 排架柱施工图设计

PK 二维计算完成后可由 PK 主菜单 4 完成矩形或工字形截面的排架柱施工图设计。

STS 二维计算完成后可作门式刚架、工型截面钢排架柱的施工图设计。

目前 PK、STS 还不能读取空间程序计算结果绘制排架柱施工图。

对于有吊车荷载作用的工业厂房，PK 虽然采用比较简单的二维计算模型，但其在吊车荷载计算、柱计算长度取值、活荷载不利布置等方面比三维软件考虑的更加全面。

第 12 章　多层及高层钢结构分析

在多层及高层建筑结构中，由于钢结构具有构件截面面积小，基础工程造价低，施工周期短，抗震性能好，抗震能力强等优点，已得到广泛应用。钢结构的结构类型主要有纯钢结构、钢-混凝土混合结构和钢骨混凝土结构。

采用 PKPM 结构 CAD 软件可以进行多层及高层钢结构设计，PMCAD 和 STS 软件具有钢结构建模功能(STS 具有专门用于钢结构的构件截面类型，并且可以输入标准型钢截面和任意截面)，SATWE 和 TAT 软件具有钢结构分析和构件验算功能。

本章主要讲述钢结构的构件定义、结构建模、结构分析、构件验算及其他设计人员关心的问题。

12.1　结构建模

在多层及高层钢结构中，构件一般采用标准型钢截面、焊接组合截面、圆钢管混凝土截面、矩形钢管混凝土截面、钢骨混凝土截面等截面类型，STS 软件提供了 20 多种截面类型供用户选择。

12.1.1　钢柱的输入

常用的柱截面有标准 H 型钢截面、焊接 H 形截面、箱形截面、十字形截面、圆钢管混凝土截面、矩形钢管混凝土截面、钢骨混凝土截面等截面类型。

对于各种型钢截面，例如中国标准热轧 H 型钢截面，欧洲、美国、日本等国家的 H 型钢截面，可以从软件提供的型钢库中直接选择型钢规格。结构分析时，软件会根据所选择的规格从型钢库中得到该截面的截面特性。

对于焊接组合截面，例如焊接 H 形截面、箱形截面、十字形截面等截面类型，可以采用对话框输入方式输入截面的尺寸和材料，软件自动计算截面特性。

对于圆钢管混凝土、矩形钢管混凝土、钢骨混凝土截面，既可以将材料定义为钢材，也可以将材料定义为混凝土，软件在计算截面特性时会根据截面类型号自动区分组成截面的钢材区域和混凝土区域，截面中混凝土的强度等级取在“本层信息”对话框中输入的柱混凝土强度等级。

软件还提供了任意多边形截面的输入方式，由用户通过人机交互方式绘制截面的轮廓、定义材料种类，软件根据其轮廓尺寸计算截面特性。

柱标准截面定义完成后，可以将柱布置到各标准层的网格节点上，布置的时候，可以输入相对于轴线的偏心和旋转角度。柱子计算高度由软件自动确定。

对于斜柱，不能直接当作柱构件输入，要作为斜杆输入，与支撑的输入方法相同。

12.1.2 钢梁的输入

常用的梁截面有标准 H 型钢截面、焊接 H 形截面和箱形截面。

软件中梁截面的定义方法与柱相同。

梁标准截面定义完成后，可以将梁布置到各标准层的网格上，布置的时候，可以输入相对于轴线的偏心。斜梁可以通过输入梁两端与当前标准层高度的差值定位，也可以使用“上节点高”命令输入。

12.1.3 钢支撑的输入

常用的支撑截面有双角钢组合截面、双槽钢组合截面、标准H型钢截面、焊接H形截面、箱形截面和钢管截面。

软件中支撑截面的定义方法与柱、梁相同。

支撑在软件中用斜杆来描述。

支撑同梁、柱一样需在各标准层布置。输入支撑时需定义其下端和上端位置，支撑的平面位置由其所在的平面节点确定，支撑的竖向位置由用户输入的上下端标高确定。该标高是相对于本标准层底面的标高，一般是从本标准层的底面到顶面，输入0表示连接到底面，输入1表示连接到顶面。如果支撑两端的标高相同，即布置了楼层水平支撑。

支撑两端的标高值不一定限于本层范围内，可通过输入上下端不同的标高来定义层间支撑和越层支撑。

钢框架的中心支撑，可以直接输入；对于偏心支撑，应该在支撑与梁连接的位置增加节点，然后再布置偏心支撑。

在高层钢结构计算时，需要区分中心支撑和偏心支撑，它们在设计中是有区别的。中心支撑是指在SATWE、TAT特殊构件中定义的人字形、单斜、V形和十字交叉形支撑。设计中心支撑构件时，对有地震参与的组合内力，程序根据规范要求乘以1.5的放大系数。如果结构建模时没有在特殊构件中定义“中心支撑”，则SATWE、TAT将自动判断支撑的类型，判断的原则是：如支撑上下两端都不与柱相连，则其为偏心支撑，否则为中心支撑。

对于多层钢结构，中心支撑的定义不起作用，程序对所有支撑均不放大设计内力。

应当注意，在SATWE、TAT特殊构件定义时，只有在某层布置了支撑后，才能进入“特殊支撑”定义菜单。

12.1.4 墙、楼板的输入

剪力墙作为墙构件输入，填充墙不需要输入。

楼板可以定义为现浇混凝土板、组合楼板等类型。

定义和布置组合楼板时，压型钢板的规格可以在软件提供的规格中选取，也可由用户定义。组合楼板可以布置为非组合型和组合型两种方式，非组合型和组合型楼板在布置的同时均作了施工阶段受力验算，组合型楼板需要对使用阶段荷载进行验算。

软件可以进行楼板的配筋设计并绘制楼板施工图。

12.2 钢结构的分析

软件依据《高层民用建筑钢结构技术规程》(JGJ 99—98)计算地震作用，可对钢框架柱进行 $0.25Q_0$ 的地震剪力调整。

12.2.1 特殊构件和特殊风荷载的定义

对于转换层结构，转换构件要在“特殊构件”中按“转换梁”、“框支柱”定义。软件在计算时将根据规范要求，对转换梁、框支柱进行地震内力放大。

对于按支撑输入的斜柱，应在“特殊构件”定义中把其两端的连接属性改为两端刚接。

当考虑钢梁和楼板的共同作用时，可以将钢梁定义为“组合梁”构件，如果楼板是组合楼板，程序可以搜索到模型输入时所定义的组合楼板信息，自动形成组合梁数据，并允许用户修改。

多层钢结构顶层为轻钢门式刚架屋顶时，梁、柱常采用变截面构件。对变截面梁、柱，通过将其定义为门式钢梁、门式钢柱，软件按照《门式刚架轻型房屋钢结构技术规程》(CECS 102：2002)验算构件的强度和稳定性。

程序根据地面粗糙度类别、基本风压、结构体型系数计算的风荷载不适于非封闭的多层钢结构厂房和带坡屋面的钢结构房屋，对这类房屋应通过输入节点风荷载、梁杆件节间风荷载修正程序计算的风荷载。

12.2.2 刚性楼板与弹性楼板

对设置现浇混凝土楼板、组合楼板的钢结构房屋，结构分析采用的楼板刚度假定可参考第一章“建筑结构分析中的楼板刚度的合理假定”。

对于多层钢结构厂房和轻钢屋面的多层钢结构房屋，楼板可能为花纹钢板或者压型钢板。由于该类钢板和下面的肋条、次梁、檩条等共同作用，准确考虑这种钢板的刚度是比较困难的。对这类房屋，楼板刚度可按下列原则考虑：

(1) 当钢板和肋条的平面内刚度很大时，按刚性楼板计算；

(2) 当钢板和肋条的平面内刚度很弱时，将板厚定义为 0，按没有楼板考虑；

(3) 当介于二者之间时，可以将钢板等效为混凝土板，按弹性楼板计算，等效混凝土板的厚度可近似取钢板的厚度乘以钢的弹性模量与混凝土弹性模量的比值。

12.2.3 钢结构的整体分析

钢结构的整体分析与混凝土结构一样，不但要满足《抗震规范》有关要求，如最小基底剪力、层刚度比、位移比、周期比、最大位移角等要求，还应根据钢结构变形较大的特点，考虑 $P\text{-}\Delta$ 效应，对重要的结构还应考虑弹塑性变形分析。考虑 $P\text{-}\Delta$ 效应后，水平位移增大约 5%～10%。一般当层间位移角大于 1/250 时应该考虑 $P\text{-}\Delta$ 效应。

由于钢的弹性模量比混凝土的大得多，纯钢结构可以按“一次性加载”计算活载。

钢柱的“有侧移”或“无侧移”选择，可以按以下原则考虑：

(1) 有支撑的结构(支撑体系可以是钢支撑、剪力墙和核心筒体等)，且层间位移角 $\Delta u/h$ 不大于 1/1000 时，可以按无侧移结构来计算柱计算长度系数；

(2) 纯框架结构，或者有支撑的结构且层间位移角 $\Delta u/h$ 大于 1/1000 时，可以按有侧移结构来计算柱计算长度系数。

当框架结构一个方向无侧移(如框架支撑体系)，另一个方向有侧移(如纯框架体系)时，柱计算长度系数的确定要计算两次，先按照无侧移结构计算，记录无侧移方向柱的计算长度系数，然后再按照有侧移结构计算，记录有侧移方向柱的计算长度系数。

目前软件没有考虑钢梁、柱节点的剪切变形。剪切变形对 H 型钢柱节点和高层钢结构中的其他柱节点影响较大，设计时可通过采取在节点中间夹焊缀板等措施，来加强钢柱的节点域刚度，减少节点域剪切变形。

12.2.4 钢结构的位移控制

钢结构在地震作用下的位移应按《抗震规范》第 3.6.3 条规定计入重力二阶效应的影响。

多层钢结构地震作用下的弹性层间位移角应小于 1/300(依据《抗震规范》)，高层钢结构地震作用下的弹性层间位移角应小于 1/250(依据《高层民用建筑钢结构技术规程》)。

考虑舒适度的要求，应控制顶点的加速度值。

12.3 钢构件的强度与稳定性验算

软件依照《建筑抗震设计规范》、《钢结构设计规范》或《高层民用建筑钢结构技术规程》相关条文对钢构件的截面强度、整体稳定、局部稳定进行验算。

(1) 验算依据选择

SATWE 数据输入对话框中设有“按《高规》或《高钢规》进行构件设计”选择框。不选择该项时，软件将按照《钢结构设计规范》和《建筑抗震设计规范》进行构件验算；选择该项时，软件按照上述规范和《高层民用建筑钢结构技术规程》进行构件验算。

TAT 设有“结构材料及特征”列表框。如果选择了“多层钢结构”，软件将按照《钢结构设计规范》和《建筑抗震设计规范》进行构件验算；如果选择了“高层钢结构”，软件将按照上述规范和《高层民用建筑钢结构技术规程》进行构件验算。

(2) 净截面与毛截面比值参数取值

钢构件净截面与毛截面比值参数用于近似考虑由于截面孔洞削弱对于截面强度的影响，参数取值应该根据连接方式确定。当梁端部采用高强度螺栓连接时，螺栓排数较多，截面削弱较大，该参数可取值 0.85；当全焊连接时，如果没有截面削弱，该参数可取值 1.0。

(3) 程序对每一种荷载效应组合均做验算，从中找出最不利的验算结果。

(4) 验算有地震作用的荷载效应，按《抗震规范》第 5.4.2 条考虑承载力抗震调整系数 γ_{RE}，其值分别为柱、梁取 0.75，支撑取 0.8，节点域取 0.85。

(5) 钢柱强度、稳定性和强柱弱梁验算

钢柱除作强度验算外，还作稳定性和强柱弱梁验算。

根据《钢结构设计规范》确定柱两个主轴方向的计算长度系数，验算柱两个主轴方向的稳定性。

按照《抗震规范》第 8.2.5 条第 1 款进行强柱弱梁验算。

(6) 支撑强度、稳定性验算

支撑除作强度验算外，还沿两个主轴方向验算稳定性。

当结构类型定义为“高层钢结构”，验算中心支撑构件时，对有地震参与的组合内力乘以1.5的放大系数。

(7) 梁强度和整体稳定性验算

TAT对所有梁都进行整体稳定性验算，当梁上有楼板时，验算结果没有意义；SATWE仅对上面没有楼板的梁验算整体稳定性，对上面有楼板的梁不计算整体稳定性(该项结果输出为0)。

当钢梁产生轴压力时，程序按压弯构件验算强度和稳定性，并与按受弯构件验算的结果比较取大值控制。

两端铰接梁还按水平支撑构件验算。

对高层钢结构的特有构件——耗能梁，程序按照“高层钢结构”的要求进行验算，并输出验算结果。

(8) 梁、柱和支撑的长细比、局部稳定计算

《抗震规范》第8章在强制性条文中规定了钢构件长细比、宽厚比和高厚比限值，软件依据规范要求对梁、柱和支撑构件作了局部稳定验算，对柱和支撑构件作了长细比验算。

12.4 钢构件连接设计与施工图

STS软件可以读取SATWE、TAT软件的设计内力，进行钢构件的连接设计，包括柱脚连接、梁柱连接、主次梁连接、支撑与柱的连接以及柱、梁、支撑的拼接。

节点设计时，程序按照《抗震规范》第8.2.5条第2、3款进行节点域验算，按照第8.2.8条进行强节点弱构件验算。

节点设计完成后，软件可以自动绘制三维节点施工图，结构平面、立面布置图，构件施工详图，还可以统计所有构件、连接板及加劲肋的用钢量，绘制钢材订货表和高强螺栓用量表。

12.5 特殊钢结构设计

12.5.1 轻钢屋面钢结构

现在，不少多层钢结构顶层采用轻钢门式刚架结构，使用软件设计此类结构应注意以下几点：

（1）要通过输入特殊风荷载考虑坡屋面的风吸力。屋面风吸力可能导致屋面梁在屋面与柱连接处产生下翼缘受拉弯矩，有时这个弯矩很大，节点设计如果没考虑该弯矩影响，设计会偏于不安全。

（2）顶层门式刚架常采用变截面构件，SATWE、TAT 软件对变截面构件一般取平均截面按等截面构件验算。通过将变截面梁、柱定义为门式钢梁、门式钢柱，软件根据《门式刚架轻型房屋钢结构技术规程》（CECS 102：2002），按照压弯构件验算门式钢梁和门式钢柱的强度和稳定性，验算前用户应对变截面柱平面内计算长度系数先进行修正。

（3）顶层梁、柱连接可以采用门式刚架的连接方式，软件可对屋顶和下部结构一起进行连接设计并绘制施工图。

12.5.2 楼顶有塔架房屋

对于楼顶有塔架房屋，通常用 PMCAD 或 STS 完成下部建筑物建模，用 SPASCAD 完成塔架建模，然后把两部分模型拼接在一起进行整体分析。当钢塔架和下部主体结构在质量、刚度上差异非常大时，把顶部钢塔与下部主体结构一起整体分析，会产生以下两个问题：

（1）由于钢塔非常柔，且钢塔的每个节点都有质量，可能造成钢塔有多于 100 个动力自由度参与振型计算。SATWE 目前版本最多计算 100 个振型，用 SATWE 对这类结构整体分析求出的前 100 个振型可能都是钢塔振动，而下部主体结构根本没有振动，从而导致用这些振型求得的地震作用严重失真、偏小。

(2) 对这种结构进行动力时程分析，可能会出现仅上部钢塔振动，下部主体结构几乎不动的现象，从而造成动力时程分析失败。

综上所述，此类结构不宜整体计算，应将主体结构和顶部钢塔分开计算。在计算主体结构时，可将顶部钢塔自重及作用在钢塔上的外荷载导算到主体结构顶部按外荷载输入；在计算钢塔时，可假定主体结构为固定刚体，钢塔嵌固在主体结构上。

参 考 文 献

1. 建筑抗震设计规范(GB 50011—2001). 北京：中国建筑工业出版社，2001
2. 高层建筑混凝土结构技术规程(JGJ 3—2002). 北京：中国建筑工业出版社，2002
3. Li Yungui. The Modeling of Shear Wall and Slab in 3-D Finite Element Analysis of Tall Buildings. Proceedings of Seventh International Conference on Computing in Civil and Building Engineering. Seoul, Korea, August 19-21, 1997
4. 高层建筑混凝土结构技术规程编制组.《高层建筑混凝土结构技术规程》(JGJ 3—2002)宣贯培训材料. 北京：中国建筑科学研究院建筑结构研究所，2002
5. 龚思礼. 建筑抗震设计手册(第二版). 北京：中国建筑工业出版社，2002
6. 李国胜. 高层钢筋混凝土结构设计手册(第二版). 北京：中国建筑工业出版社，2003
7. 人民防空地下室设计规范(GB 50038—94) (2003 年版). 北京：中国建筑标准设计研究所，2003
8. 混凝土结构设计规范(GB 50010—2002). 北京：中国建筑工业出版社，2002
9. 中国有色工程设计研究总院. 混凝土结构构造手册(第三版). 北京：中国建筑工业出版社，2003
10. 樊小卿. 温度作用与结构设计. 建筑结构学报，1999，20(2)：43～50
11. 王铁梦. 工程结构裂缝控制. 北京：中国建筑工业出版社，1997